レジリエンス工学入門

「想定外」に備えるために

古田一雄 編著

はじめに

「レジリエンス(resilience)」は従来あまり聞き慣れない言葉であったが，最近では我が国でもさまざまな場面においてかなり使われるようになった．レジリエンスとは，弾性，しなやかさ，回復力といった意味を有する言葉であるが，本書で詳しく述べるように，専門用語としてのレジリエンスは，システムが変化や擾乱を吸収して正常な機能や平静を保つ能力を意味する．

特に日本でレジリエンスが使われるようになったのは，2011年3月11日に東北地方を襲った東日本大震災とそれに伴う東京電力福島第一原子力発電所の事故を経験して以降である．震災後に成立した安倍政権は，重要政策の1つとして災害や危機に強い国作りを目標とする国土強靱化をかかげているが，この政策の一環として「国土強靱化基本法」が成立し，国や地方自治体が「国土強靱化基本計画」の策定と定期的見直しを行うことになった．政府はこの国土強靱化にナショナルレジリエンス(national resilience)の訳語をあてている．大規模テロやリーマンショックを経験し，諸外国においても専門家や政策担当者の間でレジリエンスという用語が盛んに使われるようになった．現代社会を襲うさまざまな脅威は，国家の成長や国民生活へ深刻な障害となるという認識が国際社会で高まっており，国全体を単位としたナショナルレジリエンスの考え方が提唱され，その強化策が国際的な場で議論されるようになった．このようにレジリエンスは現代社会にとっての重要課題になりつつある．

筆者が所属する東京大学大学院工学系研究科では，東日本大震災の直後に「震災後の工学は何をめざすのか」と題する提言を公表し，震災後の日本において工学の果たすべき使命を提示した．この中で，筆者らはレジリエンスをシステムに造り込むための方法論である「レジリエンス工学」の必要性を論じた．そして，2013年4月にはレジリエンス工学の教育研究を主導するために，工学系研究科に「レジリエンス工学研究センター」を新設し，活動

はじめに

を開始した．この活動に関連する研究成果を踏まえ，レジリエンス工学を俯瞰的に紹介することを目的として著したのが本書である．

　レジリエンスを議論するためには，ハードにあたる人工物に関する理工学系の分野はもちろん，人間，社会，経済，法制度などにまたがる分野横断的なアプローチが必要である．取り扱うテーマが広範囲に及び，レジリエンス工学がきわめて分野横断的であることは，本書の目次を見ていただければ明らかであろう．以下，本書の構成について簡単に紹介する．

　第1章では，まずレジリエンス工学が誕生した歴史的経緯を解説する．レジリエンスは今やさまざまな専門分野で使われている言葉であるが，レジリエンス工学という学術分野はシステム安全やヒューマンファクターのコミュニティーで2000年ごろに提唱され始めた．ここではその経緯を紹介する．次にレジリエンスの定義，レジリエンス評価の方法，実現の方法など，レジリエンス工学の最も基本となるいくつかの概念的課題について論じる．最後に，レジリエンス工学の研究課題について述べる．

　自然災害の多い我が国において，レジリエンスといえば自然災害に対する備えが何よりも関心を引く．そこで，第2章では自然災害に対するレジリエンスについて解説する．その前提として，自然災害に対するリスク評価，リスクマネジメントなどの考え方を解説したうえで，既往研究の整理・分析に基づき自然災害に対するレジリエンスについて考える．最後に，自然災害に対するリスクマネジメントという観点からレジリエンスを議論するにあたっては，災害被害の低減，被害からの復旧という観点に加えて，社会や科学技術の長期的な変化に対する対応という観点が重要であることを述べる．

　第3章では，都市における重要社会インフラのレジリエンスの問題を取り上げる．先進国の大都市では，さまざまな人間の活動がライフラインをはじめとする重要社会インフラの機能に大きく依存している．そのような依存性は複雑に，また相互に関係しあっているため，災害によってライフライン等に生じる物理的被害の影響はわれわれが想像する以上に深刻かつ広範囲に広がる可能性があり，また被害からの復旧にも著しく影響する．そのため，都市の災害に対するレジリエンスを高めるためには，このような複雑な相互依存性をできるだけ網羅的に把握し，その影響を可能な限り予測，評価してお

くことは重要である．

　第4章では，エネルギーシステムについて論じる．エネルギーシステムはライフラインの中でも特に重要性が高く，東日本大震災の直後には関東地方を中心に広域的な電力の供給障害や，石油製品の供給障害が発生したことは記憶に新しい．また，災害のみならず地政学的リスクによる供給途絶など，エネルギー安全保障の観点での議論も必要である．本章ではエネルギーシステムに関するレジリエンスについて，最適な供給保障施策を検討するための理論的な考え方について解説した後，研究事例を用いてエネルギー安全保障の問題や災害に強いエネルギーシステムのための施策について論じる．

　市場は現代の世界経済を動かすための重要インフラであるにもかかわらず，過去にリーマンショックのような市場のクラッシュを何回も繰り返しており，金融システムはレジリエンスの強化が強く望まれる分野である．そこで，第5章では，金融システムのレジリエンスについて論じる．最近では，市場のモデルをコンピューター上に構築し，シミュレーションによって市場の動きを予測する人工市場モデルを用いた研究が行えるようになった．ここでは，特に人工市場モデルを用いた研究事例にもとづき，複数市場，高頻度裁定取引，特定のリスク管理手法の普及が市場の安定性に与える影響を評価した研究を紹介する．

　第6章も経済・経営に関わる課題を扱う．インフラ整備事業，特に新興国におけるインフラ整備事業には，経済的リスクだけでなくポリティカルなリスクなどさまざまなリスクが伴い，事業が途中で破綻したり投資資金を回収できなかったりする恐れをはらんでいる．そこで，そのようなリスクを避けるとともに損害を最小限にとどめられるレジリエントな事業運営体制について論じる．最近では，政府などの公的機関と民間企業とが協力して事業を進める官民連携事業が世界で広がっている．そこで，2つの具体的事例を用いて，官民連携事業におけるさまざまなリスクの定量的分析手法について解説し，レジリエントな制度設計について論じる．

　限られた紙数と執筆陣でレジリエンス工学のすべてをカバーすることはほぼ不可能であるが，以上のように本書は技術的な安全や防災の分野のみならず，経済・経営に及ぶ非常に幅広い分野のトピックを扱ったので，レジリエ

はじめに

ンス工学の分野横断的な性格は十分イメージできるのではないかと期待する．また，最新の研究事例を紹介しているので，個々の分野の非専門家の読者には難解かもしれないが，各トピックの現状を紹介するという主旨なのでご容赦いただきたい．レジリエンス工学に対する関心が一層広まり，研究・実践が盛んになってレジリエントな社会の実現に少しでも貢献できれば幸いである．

2017 年 4 月

編著者　古田一雄

レジリエンス工学入門
「想定外」に備えるために
目　次

はじめに………iii

第1章　レジリエンス工学の誕生………1

1.1　リスクマネジメントとその限界………1
1.2　システム安全における問題点の変遷………2
　1.2.1　技術の時代………2
　1.2.2　ヒューマンエラーの時代………3
　1.2.3　社会 – 技術の時代………4
　1.2.4　レジリエンスの時代………5
1.3　人間信頼性解析をめぐる展開………6
　1.3.1　第1世代HRA………6
　1.3.2　第2世代HRA………7
　1.3.3　チーム行動の認知モデル………9
　1.3.4　安全文化と高信頼性組織………11
1.4　レジリエンスとは？………12
　1.4.1　レジリエンスの定義………12
　1.4.2　システム安全とレジリエンス………14
　1.4.3　レジリエンスの基本特性………15
1.5　レジリエンスの社会的側面………17
1.6　レジリエンス工学の重要課題………20
　1.6.1　レジリエンスの実現プロセス………20

目 次

  1.6.2　レジリエンスの評価………20
  1.6.3　相互依存性の考慮………21
  1.6.4　決定支援………22
  1.6.5　日常的状況におけるレジリエンス………23
  1.6.6　社会実装………23
1.7　第1章のまとめ………24
第1章の参考文献………24

第2章　自然災害とレジリエンス………27

2.1　自然災害に対する防災………27
2.2　災害を引き起こす誘因（ハザード）………28
  2.2.1　ハザードとは………28
  2.2.2　ハザード評価………29
2.3　安全とリスク………31
  2.3.1　安全とは………31
  2.3.2　リスクとは………31
  2.3.3　被害の影響・結果………32
2.4　自然災害リスクに対するマネジメント………33
  2.4.1　リスクマネジメントの枠組み………33
  2.4.2　安全目標とリスク基準………34
  2.4.3　リスクマネジメントの観点からみた「防災」………35
  2.4.4　想定外とリスク概念………36
2.5　リスク概念の拡張としてのレジリエンス概念………37
2.6　人工システムとその分類………38
  2.6.1　目的と環境による人工システムの分類………38
  2.6.2　都市の自然災害に対する安全性………39
2.7　自然災害に対するレジリエンス………39

2.7.1　レジリエンス………39
　2.7.2　能動的レジリエンス………42
2.8　レジリエンスを規範とした自然災害リスク対処の工学体系の構築に向けて………44
第2章の参考文献………45

第3章　重要社会インフラのレジリエンス………47

3.1　システムとレジリエンス………47
3.2　人間中心の都市のモデリング………48
3.3　人間中心の都市モデルにもとづく相互依存性の分類………51
3.4　災害復旧シミュレーションによるレジリエンス評価………54
　3.4.1　エージェントモデル………55
　3.4.2　ネットワークモデル………59
　3.4.3　都市モデル………60
　3.4.4　シミュレーションによるレジリエンス評価………61
　3.4.5　シミュレーション結果例………61
3.5　第3章のまとめ………65
第3章の参考文献………65

第4章　エネルギーシステム………67

4.1　エネルギーシステムのレジリエンス向上施策………67
　4.1.1　エネルギーシステムの外乱要因と主な対策………67
　4.1.2　エネルギー種別の特徴と課題など………69
　4.1.3　レジリエンス向上施策の費用と便益………72
　4.1.4　不確実性のモデル化………74
　4.1.5　確率計画法………77

4.2 日本のエネルギー安全保障向上施策の評価……78
　4.2.1 日本のエネルギー安全保障問題……78
　4.2.2 確率動的計画法によるエネルギーモデルの構築……80
　4.2.3 エネルギー供給途絶事象のモデル化……82
　4.2.4 燃料価格モデルの構造……83
　4.2.5 数値シミュレーション結果……84
　4.2.6 日本のエネルギー安全保障のために……88
4.3 首都圏のエネルギー供給レジリエンス……89
　4.3.1 災害によるエネルギー供給途絶リスク……89
　4.3.2 電力需給・石油需給モデルの概要……90
　4.3.3 レジリエンス強化策の分析……94
　4.3.4 エネルギー供給のレジリエンス強化のために……97
第4章の参考文献……98

第5章 強靭な金融システム……99

5.1 金融市場をとりまく環境……99
　5.1.1 経済活動における金融市場の役割……99
　5.1.2 金融市場モデルの新たな潮流……100
　5.1.3 連成型人工市場モデルの必要性……102
　5.1.4 複数市場を扱う人工市場モデル……103
5.2 裁定取引が市場安定性に与える影響の分析……105
　5.2.1 人工市場モデルの枠組み……105
　5.2.2 市場の不安定性伝播の分析……107
5.3 リスク管理の導入による市場の不安定性の増加……109
　5.3.1 VaRによるリスク管理……110
　5.3.2 人工市場モデルの枠組み……111
　5.3.3 結果と考察……115

5.4　第5章のまとめ………117
第5章の参考文献………117

第6章　インフラ整備プロジェクトのレジリエントな制度設計………121

6.1　新興国でのインフラ整備事業とその背景………121
6.2　インフラ輸出の事業形態とリスクファクター………124
6.3　ポリティカルリスクの定量化：バンコク第2高速道路プロジェクトの事例………129
6.4　レジリエントな入札制度：台湾高速鉄道の事例………135
6.5　考察：レジリエントなシステム設計に向けて………139
第6章の参考文献………142

索引………143

装丁・本文デザイン＝さおとめの事務所

第1章

レジリエンス工学の誕生

　最近，われわれの想定を超えるような自然災害，大事故，経済危機などが現代社会を襲った結果，人々は技術的なリスクマネジメントの方法論に懐疑的になってきている．従来のリスクマネジメントにおいては，複雑化した社会技術システムの設計基準ではカバーし切れない残余のリスクにどう対処すべきかが十分には考えられてこなかったといえよう．

　レジリエンスとは，システムが環境の変化を吸収して機能を正常に維持する能力を意味し，上記の状況に対処するための新たな概念として近年注目を集めている．そして，社会技術システムにレジリエンスを造り込むための方法論であるレジリエンス工学が誕生した．

　本章では，まずレジリエンス工学誕生の経緯を解説し，次にレジリエンスの定義，レジリエンス評価の方法，実現の方法など関連の話題について論じる．最後に，レジリエンス工学の研究課題について述べる．

1.1　リスクマネジメントとその限界

　われわれの現代社会は自然災害，大事故，疾病，経済危機，犯罪などのさまざまな危険にさらされており，これらの脅威から人々の安全な生活を守ることが工学の大きな使命である．そのため，従来の安全工学，信頼性工学，防災工学の分野においては，これらのリスク（risk）を定性的あるいは定量的に見積もって，損害の顕在化を防止したり最小限にとどめたりするための努力が続けられてきた．

　その結果，われわれの生活はかつてないほどに安全になっているのは事実である．ここで，リスクとは損害の規模と発生確率の組合せによって危険の程度を表す尺度であり，災害や事故によって人々の生命，健康，財産が損害を被る可能性がある場合の安全を考えるうえでの有効な指標である．

しかし，今世紀になって世界各国における同時多発テロや日本における東日本大震災など，想定を超える出来事を経験するにつれて，従来のリスクマネジメントの範囲を超える状況も考慮に入れた，新たなシステム安全の枠組みが必要であることが認識されるようになった．

1.2　システム安全における問題点の変遷

1.2.1　技術の時代

システムの安全性において問題点の所在が時代とともにどのように変遷してきたのかを示したのが図 1.1 である．技術と社会が絡み合った複雑なシステムを社会技術システム（socio-technical system）と呼ぶが，この図の縦軸は社会技術システムの複雑さの程度を示す．図にはこの変遷を象徴する過去に起きた出来事も記入してある．

社会技術システムがまだ比較的単純だった時代，トラブルの原因は機械装置などハードウェア要素の故障や誤動作などの技術的問題にあり，事故や故障を防止するためには技術の成熟が鍵であると考えられていた．そこで，なぜ故障が起きるのかのメカニズムを解明し，安全設計と品質保証を完璧に行うことによって，ハードウェア要素にかかわる問題はほぼ解決された．

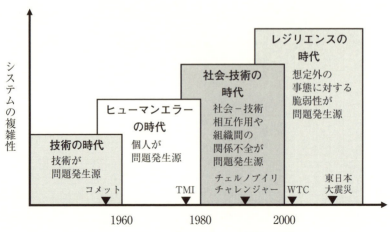

図 1.1　システム安全における問題の変遷

例えば，1951年に就航した世界初のジェット旅客機であるデアビランドコメット機(de Havilland Comet)は，大きな力を繰り返し負荷することによって金属材料が破断する疲労破壊が原因で墜落事故を繰り返したが，この現象そのものは当時すでに知られていたものの，検証試験の方法は十分に確立されていなかった．事故の結果，検証試験の方法や疲労破壊の亀裂伝播を抑制する構造設計など，さまざまな技術的改善が行われ，疲労破壊による頻繁な墜落事故はなくなった．

1.2.2 ヒューマンエラーの時代

装置故障による大事故が減ったが，先進技術の導入に伴ってシステムの複雑さは運転員やユーザーの能力の限界を超え，ヒューマンエラー(human error)に起因する事故が多発するようになった．

アメリカのスリーマイル島(Three Mile Island：TMI)原子力発電所で1979年に起きた事故は，この時代を象徴する事故であった．この事故は2次冷却系統の些細なトラブルが原因で始まったが，これに誘発されて起きた不幸な出来事が状況を悪化させ，炉心を大きく損傷する大事故に至った．このうち，運転員によるいくつかのヒューマンエラーが事故を決定づけることとなった．例えば，運転員は原子炉容器から実際は冷却水が失われているにもかかわらず冷却水で一杯であると誤った判断をして，自動的に起動した緊急炉心冷却装置を手動で停止してしまったために，炉心が過熱して大きく損傷した．

人と人が作った装置とが相互にやり取りをする場のことをヒューマンマシンインタフェース(human machine interface)と呼ぶ．TMI原発事故の原因分析から明らかになったことは，運転員が犯したエラーの背景には不適切なヒューマンマシンインタフェースがあることであった．例えば，異常の発生直後に制御室で100を超す警報がいっせいに発報したため，運転員はプラントで何が起きたのか理解できなかった．さらに，冷却水喪失の経路となった安全弁の状態を示す表示が，実際の状態を反映していないようになっていた．このような不適切なインタフェース設計は，運転員が原子炉容器の正確な内部状態を認識することの妨げになった．

このような事故を経験し、ヒューマンファクター(human factors)の改善によるヒューマンエラーの防止が課題としてクローズアップされた結果、人の肉体的、心理的特性にマッチするように労働環境やヒューマンマシンインタフェースを設計する努力がはらわれた[1]．警報に優先順位を付け、多数同時発報の際には重要でない警報を抑制する工夫などが、この事故の後に原子力発電所で実際に採用された．現在の社会技術システムの設計においてヒューマンファクターを考慮することは当然の要求になっており、個別のヒューマンエラーが原因で大事故になってしまうような可能性は大幅に減少した．

1.2.3 社会 – 技術の時代

次の段階として、社会と技術の関係がシステムにおける失敗の主な原因となり、技術、人間集団、マネジメント、組織、社会などの間の不適切な相互作用による事故が頻繁に起きるようになった．そのような事故の影響はしばしば組織の境界を越え、社会の広範囲に被害を及ぼし、「組織事故」と呼ばれるようになった[2]．

チェルノブイリ(Chernobyl)原子力発電所で1986年に起きた事故は典型的な組織事故である．事故直後、事故は運転員の運転規則違反が原因で起きたと考えられていた．しかし国際社会による事故調査が進むにつれて、当時のソビエト社会主義共和国連邦の体制に特徴的な社会組織的要因がその規則違反の背景にあったことが明らかとなった．例えば、当時の運転員はよく訓練されておらず、運転規則をなぜ守らなければいけないのかに関する背景知識も持っていなかった．また、異なる組織間での技術情報に関するコミュニケーションが不足しており、ノルマを達成することが優先されて規則を守ろうとする精神が希薄であった．

同じ年にアメリカではスペースシャトルチャレンジャー(Space Shuttle Challenger)が打上げ直後に爆発し、乗組員全員が死亡した．この事故の直接の原因は、寒さによる固体ロケットブースターのOリングの破損であった．しかし、この直接原因の背後には、コミュニケーションの不足や面子を重んじる決定様式など、アメリカ航空宇宙局(NASA)に特有の組織要因があったといわれている．

これらの事故を受けて安全文化の概念が提唱されるようになった．安全文化とは，安全にかかわる諸問題に対して最優先で臨み，その重要性に応じた注意や気配りを払うという組織や関係者の価値観，信念，態度などの特性と定義される．それ以来，ある組織の安全文化のレベルを評価し，促進するための努力が研究者や実務家の間で重ねられている．社会と技術の関係の問題は完全に解決されたわけではないが，こうした解決のための努力は現在も続けられている．

1.2.4　レジリエンスの時代

今世紀になって，ニューヨークのワールドトレードセンター(World Trade Center：WTC)に対するテロ攻撃や，日本の東日本大震災のようなより衝撃的な出来事が起きた．これらの出来事によって，われわれの社会技術システムが想定を超える脅威に対していかに脆弱であるかが明らかとなった．伝統的な工学の方法論においては，まずあらかじめ厳しい条件を想定したうえで設計基準を定め，この設計基準を満足するように安全設計が行われる．しかし，設計基準を超えるような事態が起きる可能性があり，その確率は残余のリスクとして見積もられる．設計基準を超えるような事態では損害の発生が不可避であるため，このような損害から社会技術システムがいかに早く回復できるかを考えなければならない．

複雑な社会技術システムの安全基準からこぼれ落ちる残余のリスクにどう対処するかについて，従来の方法論では十分に検討されてこなかったきらいがある．今世紀になって重大な自然災害，事故，経済危機などを経験し，人々は技術によるリスクコントロールに懸念を持つようになってきており，設計基準の限度内だけでなくこれを超えるリスクも対象とする社会技術システムの安全対策の枠組みを必要とするようになった．

このような背景から，システム安全の分野の専門家，実務家の間で近年注目を集めるようになった概念が「レジリエンス(resilience)」である[3][4]．レジリエンスは，環境から加えられた変化に適応して機能を正常に維持する社会技術システムの能力を意味する．アメリカ同時多発テロや東日本大震災のような想定外の事態に対処するためには，損害発生状態から早期に立ち直

れるレジリエントな社会技術システムを実現することを目標とする．レジリエンス工学とも呼ぶべき分野を確立する必要がある．

1.3 人間信頼性解析をめぐる展開

1.3.1 第1世代HRA

　前節で述べた問題点の変遷につれて，安全対策や危機管理の分野ではさまざまな展開が起こり，新技術や解析手法の研究開発が行われた．ここではその具体的な例として，人間信頼性解析において人間行動を捉える視点が，線形の機械的イメージからどう変化していったかを解説する．

　人間信頼性解析(Human Reliability Analysis：HRA)とは，ヒューマンエラーなど人が犯す不安全な行動の発生確率とその影響を，定性的あるいは定量的に見積もる作業である[5]．HRAは社会技術システムのリスクを評価する確率論的リスク評価(Probabilistic Risk Assessment：PRA)を行ううえでの不可欠なステップであり，原子力ではすでにTMI事故が起きる前から開発が行われていた．

　開発の初期段階において，HRAでは機械装置に対する信頼性解析の手法から主要な概念を流用していた．すなわち，ヒューマンエラーは機械装置の故障と類似の現象であると考えられていた．したがって，運転員や作業員の行う作業は要素的な基本作業に分解でき，おのおのの基本作業の結果は成功と失敗(エラー)の2状態で記述できると仮定された．さらに，人は行動決定にかかわる心理的な内部メカニズムを持たないブラックボックスと見なしていた．

　このような考え方にもとづくHRAの手法は，よく第1世代HRAと呼ばれる．第1世代HRAの最も代表的手法であるTHERP(Technique for Human Error Rate Prediction)においては，人が行う作業を図1.2に示すようなイベントツリー(event tree)で表す．この例に示す作業は，①電源を接続する，②スイッチ1を入れる，③スイッチ2を入れる，の3つのステップで構成される．ツリーのおのおのの分岐点は基本作業に対応し，左右の分岐はそれぞれ基本作業の成功と失敗を表している．そして，各基本作業でエラー

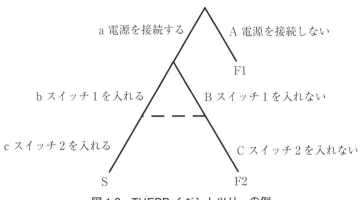

図 1.2　THERP イベントツリーの例

が発生して失敗する確率は，主に作業の種類とエラーの起り方(間違い方)によって決まると仮定しており，このエラー確率の具体的数値は THERP ハンドブックに附属するデータベースを参照することによって得られる．

第 1 世代 HRA の欠点の 1 つは，人間行動が行われる状況を記述する能力が限定されていることである．したがって，第 1 世代 HRA は標準的作業手順などの形で明確に定義された作業にしか適用できず，複雑な思考判断を必要とするような作業は第 1 世代 HRA の適用外である．

TMI 原発事故においては，運転員は制御盤に表示された情報から原子炉容器内の状態を誤って判断し，正しい作業と確信して緊急炉心冷却装置を手動停止してしまった．このような，自分の判断が正しいと確信して行うコミッション(commission)型のエラーは，単純なうっかりミスなどとはまったく性質が異なる．コミッションを HRA で扱うためには，人が行動を決定するまでの心理的，認知的過程を考える必要がある．

1.3.2　第 2 世代 HRA

1980 年代の終りにかけて，ヒューマンファクターの研究者たちは第 1 世代 HRA に限界を感じ，何らかのブレイクスルーが必要であると認識していた．コミッション型エラーは，何重にも施された安全対策を無効化してシステムを危機的状態にする恐れがあるために，これを考慮することが不可避な状況であった．さらに，やり忘れなどと違ってコミッション型エラーは自分

第1章 レジリエンス工学の誕生

で気づいて修正することがきわめて難しい．

エラーの発生確率を計算する際に人間行動の認知メカニズムを考慮するためには，ヒューマンモデリング(human modeling)の技術が鍵となる．そこで，ヒューマンモデリングやエラー心理学の研究が盛んに行われた結果，ヒューマンエラーは事故の原因ではなくて他の要因の結果であることが明らかとなった．その研究成果を受けて1990年代に開発されたのが第2世代HRAである．

第2世代HRAの基礎となる人間行動とヒューマンエラーの考え方を概念的に示したのが図1.3である．第2世代HRAでは情況という概念が非常に重要で，情況とは人間行動をとりまく周囲の条件や状態の組合せである[6]．情況はさまざまな情況因子によって構成されるが，これらは大きく個人的因子，環境的因子，社会的因子に分類される．個人的因子は個人の特性にかかわるさまざまな因子を含み，経験の有無，技能レベル，肉体的特性，認知的特性，個性などが含まれる．環境的因子は，利用可能な道具，作業環境，ヒューマンマシンインタフェース設計，入手可能な情報などのハードウェア，ソフトウェアに関する属性である．社会的要因は，規則，訓練プログラム，作業班の構成，コミュニケーションシステムなど，組織の属性や社会制度のことである．

これらの情況因子は人の認知メカニズムを介して人間行動の信頼性を左右する．人は誰でも認知メカニズムには大差ないので，人間行動の信頼性は認知メカニズムの動作によってではなく，情況因子が適切か否かによって主に

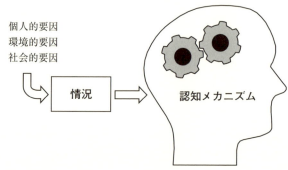

図1.3　第2世代HRAにおける人間行動とヒューマンエラーの考え方

決まってしまう．人がエラーを犯すことを不可避にさせるような劣悪な情況を過誤強制情況(Error Forcing Context：EFC)と呼ぶ．EFC に置かれた人は誰でもほぼ確実にエラーを犯すとされている．したがって，エラーの発生確率とは EFC の出現確率にほかならない．EFC の下ではコミッション型のエラーが起きるので，エラー防止策も往々にして役立たなくなる．

　第 2 世代 HRA では，分析の対象が人間行動そのものよりもそれを取巻く情況のほうに移っており，考慮すべき情況因子は期待される人間行動を導く認知プロセスがどうなっているかにもとづいて選定する．このように，第 2 世代 HRA では，第 1 世代 HRA の機械的な人間行動のイメージから大きな転換が行われた．

1.3.3　チーム行動の認知モデル

　第 1 世代 HRA の背景にある基本的考え方の 1 つは，人が行う作業はいくつかの要素的な基本作業に分解できるとする要素還元主義にある．これは，全体が部分の重ね合せとして理解できる線形システムを仮定していることに他ならない．ところが，複数の人が集ってチームを作った場合，もはやこの仮定は成り立たない．チームワークは現実に多くの現場で行われているので，HRA でも個人行動ばかりでなくチーム行動の信頼性を評価する必要があり，チーム行動のモデルが必要となる．開発初期の段階では，人数分の個人行動のモデルを組み合せてチーム行動のモデルとしていたが，チームは非線形なシステムであるために，チーム行動は個人行動の単純な総和とはならない．

　そこで，チーム行動の認知過程を記述するために導入されたのが相互信念の概念である．トゥオメラ(Tuomela)とミラー(Millar)は協調行動を行うチームには次のような「われわれの意図」が成立していると考えた[7]．いま，A と B の 2 人から成るチームが協調して作業 X をしようとしているとき，次の条件が成立していることが必要である．

　① A(B)は X の A(B)の分担部分をやろうと思っている．(意図)
　② A(B)は B(A)が X の B(A)の分担部分をやると思っている．(信念)
　③ A(B)は A(B)が X の A(B)の分担部分をやると B(A)が思っている

と思っている.（信念の信念）

上記②③のように再帰的に定義できる信念のことを相互信念と呼ぶ．このように，チームによる協調のメカニズムを個人の意図とそれに関する入れ子構造になった信念によって説明することによって，意図をチームで「共有する」ということの論理的意味が明らかになる．

このようなモデルは協調行動の意図のみならず，チームが協調して行うあらゆる種類の人間行動に適用可能であり，チーム協調の相互信念モデルと呼ばれる[8]．図1.4は2人チームにおける相互信念モデルを表したものである．相互信念の入れ子構造は無限に定義できるが，事実上は信念の信念までで十分であり，相互信念モデルはこのような3層構造で表される．第1層は自分の外部環境に関する認識や意図を記述する領域である．仲間の認識や意図をどう思っているかが第2層に記述されており，これは仲間の第1層の反映である．第3層は自分の心理が仲間にどう思われていると思っているかを表しており，仲間の目を通して見た自分自身のイメージである．

チームが円滑に協調するためにはこれら3層のすべてが必要であり，またその内容に矛盾や誤りを含んでいると支障をきたす．他人の心の中はのぞ

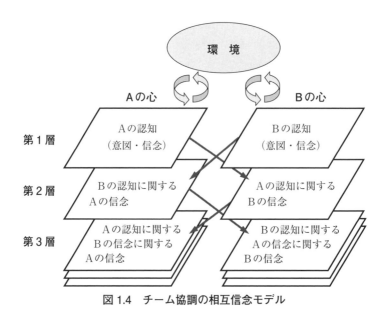

図1.4　チーム協調の相互信念モデル

ないので，正確な相互信念を確立するためには言語的，非言語的コミュニケーションやさまざまな推測を駆使して相互信念を作りあげる．個人行動の認知モデルには第2層，第3層は存在しないので，個人行動の認知モデルを人数分組み合せただけではチーム行動の認知モデルにはならないわけである．チームワークとはこのような複雑かつ非線形な過程であって，事前に役割分担の決まった複数のロボットが作業をするのとは本質的に異なる．

1.3.4 安全文化と高信頼性組織

チェルノブイリ原発事故の後，システム安全の分野で重視されるようになった概念が安全文化である．すでに述べたように，この事故の直接原因である運転員の規則違反の背後には数々の組織要因や社会要因があることがわかった．この知見から安全の専門家が着目したのが安全文化であるが，安全文化は図 1.3（p.8）の人間行動の情況を構成する3因子の共通基盤である．組織事故を防止するためには，組織内に安全文化を確立し，維持して行かなければならない．

それでは，組織内に安全文化を確立し，維持するにはどうしたらよいのだろうか．組織科学の分野で行われた高信頼性組織（High Reliability Organization：HRO）に関する研究が，この質問に答えるための示唆となる．

高信頼性組織とは，その業界の標準的なレベルに比べて事故発生件数を明らかに低く抑えているような組織である．高信頼性組織の先駆的研究を行ったカリフォルニア大学バークレイ校（Berkeley）の研究チームは，航空母艦，航空管制センター，原子力発電所，救命救急センターなど，過酷な条件下にもかかわらず高度な安全が要求される職場における人々の行動パターンを調べた．その結果，これら異なる業界の高信頼性組織には共通の特徴が見出せることを明らかにした．その特徴は一言で高い「マインド」と表現されるが，その中身は以下の5つの要素で構成される[9]．

① 失敗に対する予見的関心
② 安易な単純化を許さない思考
③ 現場業務に対する鋭敏な感覚
④ 高い回復力（レジリエンス）の実現

⑤ 専門性に対する敬意

以上の特徴を有する組織は想定外の状況にもうまく対処することができ，危機的状態からすばやく回復することができる．したがって，滅多なことでは事故を起さない．

最初，高信頼性組織は技術と組織と社会の間の適切な相互作用を確立し組織機事故を防止するという，社会－技術の時代の問題を解決するための方策として着目された．しかし，この概念は想定外の状況に対処するために必要なシステムの能力に関係しており，レジリエンスの時代の問題解決にも有用な示唆を与えている．高信頼性組織はしばしば学習する組織として特徴づけられるが，後で述べるように，自己再組織化によって変化に適応することはレジリエントなシステムに必要な本質的能力の1つである．

1.4 レジリエンスとは？

1.4.1 レジリエンスの定義

レジリエンスは専門用語としてさまざまな分野で用いられているが，分野によって意味するところは若干異なる．レジリエンスが専門用語として初めて使われたのは生態学の分野であるといわれており，ホリング(Holling)はレジリエンスがシステムの持続性の程度の指標であり，変化や擾乱を吸収し，状態変数間の関係を維持するシステムの能力と定義している[10]．臨床心理においては，人が過酷な体験に会ってもうつ病やPTSDなどの精神障害にかからない気質を，経済においては，経済危機などの深刻な衝撃の影響を緩和して危機から回復する能力を意味する用語として用いられている．

防災工学の分野では，ブルーノ(Bruneau)らが耐震に関するレジリエンスの概念を提唱した[11]．それによると，物理的あるいは社会的システムが地震力や震災が引き起すさまざまな要求に耐え，状況の評価，すばやい対応，効果的回復の戦略によって震災による影響に対処する能力がレジリエンスである．さらに，レジリエンスは以下の4つの特性によって定義されるとした．これをR4フレームワークと呼ぶ．

① 頑健性(Robustness)：システム，構成要素，その他の評価対象が機

1.4 レジリエンスとは？

能の低下や喪失をきたすことなく，決められたレベルの応力や要求に耐えられる強度あるいは能力
② 冗長性(Redundancy)：代替可能なシステム，構成要素，その他の評価対象がどれだけであるかを示す程度，それらの機能が中断，低下，喪失した場合にも機能要求を継続して満足できる能力
③ 対処能力(Resourcefulness)：システム，構成要素，その他の評価対象が破壊の脅威にさらされた状態で，状況を把握し，優先順位を考え，資材を再配置する能力
④ 迅速性(Rapidity)：損失を最小限にとどめて将来の破壊を防止するため，タイムリーに優先事項や目標を達成する能力

さらに，レジリエンスの評価指標として図1.5に示すレジリエンスの三角形を提案した．ここで，横軸は時間，縦軸はシステムの機能を表す．システムの機能は危機の直後で急激に劣化するが，その後しだいに回復し，長期的には元のレベルに戻る．システムのレジリエンスが高ければ回復は早く，レジリエンスが低ければ回復は遅い．レジリエンスの三角形とは，地震発生直後から社会インフラの質が元に戻るまでの回復曲線と，正常機能レベルを表す水平線とで囲まれた領域である．この面積が小さいほど，レジリエンスの高いシステムであるといえる．

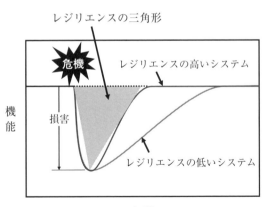

(Bruneau, et al.[11] にもとづいて作成)

図1.5 レジリエンスの三角形

以上に述べた耐震に関するレジリエンスは，一般的なシステムのレジリエンスを考えるうえで大いに参考になる．ただし，自然災害後の危機管理というかなり限定された分野の話であり，システムの運用における日常のリスクマネジメント活動にとってのレジリエンスの視点に乏しい．したがって，一般的なレジリエンスを考えるためにはより広範な視点が必要である．

1.4.2 システム安全とレジリエンス

　レジリエンスを専門用語として2000年頃から使い始めたのはヒューマンファクターや認知システム工学の研究者たちであった．前節で解説したように，彼らはヒューマンエラーの発生確率を見積もるうえで人間行動を機械的に捉える視点に当初頼っていたが，やがて壁に突き当たった．そこで，人間行動の秘密を解き明かすために，認知モデルを考慮に入れてより詳細なモデルの構築に向かった．しかし，組織事故が繰り返されるに及んでさらなる閉塞感が感じられるようになった．

　多数の人を構成要素として含む複雑な社会技術システムでは，異なる部分の間に非線形な相互作用が存在する．これまで機械的システムに対しては全体を構成要素に分解して理解する要素還元主義がうまく適用できたが，非線形相互作用が顕著なシステムに適用するには限界がある．これに対して，過去数十年で複雑システムに関する研究が進み，非線形性を持った複雑システムに特徴的な現象が解明された．創発，カオス，フラクタル，スタイライズドファクト，べき乗則などである．そして，複雑システムの研究から，生起確率のきわめて低い非常にまれな出来事は，線形システムモデルと正規分布で予想されるよりもはるかに起きやすいことがわかった．そのような，人々の予想を超える起りそうもない出来事はブラックスワンと呼ばれる[12]．線形システムモデルと要素還元主義にもとづいて行われてきたリスクマネジメントではそのような出来事を予測できないので，リスク専門家はしばしば一般社会の批判にさらされてきた．

　しかし，こうした複雑システムに関する発見は社会技術システムの安全に取り組む研究者を大いに刺激した．システム安全の研究者は，レジリエンス工学をより包括的で先進的なリスクマネジメントの概念と見なしている．従

来のリスクマネジメントでは，事故は望ましくない一連の出来事が重なって起きるという線形的イメージで捉えており，安全対策は失敗する要素をシステムから排除することであった．これに対して，レジリエンス工学では，事故はシステム内での機能の変動が非線形な共鳴を起すから起きると考え，安全対策はシステム状態を監視して共鳴を抑え込むことに移った．

1.4.3 レジリエンスの基本特性

一般的なシステム論の観点から，レジリエンスは変化や擾乱に対してシステムの機能を調整することにより，状況が予見可能か否かにかかわらず必要な機能を継続するシステム固有の能力と定義されよう．防災の観点と異なり，システム論的なレジリエンスの概念ではシステムの正常な状態と異常な状態を特に区別しない．そして，レジリエンス工学は社会技術システムにレジリエンスを造り込むための方法論に関する研究分野と考えることができる．

従来のリスクマネジメントがリスクを許容できるレベル以下に抑えることを目的とするのに対し，レジリエンス工学におけるリスクマネジメントは，変化，擾乱，不確かさの下で機能の変動性を吸収するシステムの能力を高めることをめざしている．したがって，レジリエンスは通常状態における安定運転，異常状態における事故防止，事故後における損害の最小化，災害発生後の速やかな復旧など，システムのあらゆる運用条件を対象とする．

レジリエンスは変化に対してシステムがどれだけ適応的に対応できるかの能力であり，以下に示すシステムの4つの基本特性が関係する[13]．

① 安全余裕(margin)：安全な稼動が保証される限界に対して，システムが現在どれだけ接近した状態で稼動しているか

② 緩衝力(buffering capacity)：動作あるいは構造が破綻することなく，どんな種類と強度の妨害までならシステムが吸収することができるか

③ 許容度(tolerance)：安全な稼動が保証される限界の周辺でシステムの挙動がどうなるか，限界を超えたとき緩やかに破綻するのか，あるいは急激に破綻するのか

④ 柔軟性(flexibility)：外部からの変化や圧力に呼応して，システムが

第1章 レジリエンス工学の誕生

自己を再組織化して適応する能力

図 1.6 は上記の 4 つの基本特性を模式的に描いた図である．システムの現在の稼動状態を，ここでは 2 次元状態空間の上の 1 点で表しており，この点は機能の変動のために絶えずゆれ動いている．安全限界の曲線は安全な稼動が保証される限界を示しており，この曲線群の内側がシステムを安定に稼動させられる領域である．

図 1.6 において，安全余裕は現在のシステム状態を示す点と最も近い安全限界との距離で表される．安全設計においては，システム状態が安全限界を超えてしまう確率が設計基準を満足するように，十分な安全余裕を確保しなければならない．これが従来のリスクマネジメントの伝統的方法論である．

これに対し，他の 3 つの特性は比較的新しい概念である．緩衝力は変化や擾乱に対するシステムの吸収力，抵抗力である．機能劣化状態からの回復速度に対応するレジリエンスの三角形は，緩衝力に関係する尺度と考えられる．許容度は安全限界の外側でシステム機能がいかに緩やかに劣化するかを表し，安全限界を超えると直ちに破綻するようなシステムは許容度がない．従来の安全設計は，直ちに破綻するとする保守的な想定の下に行われることが多かった．柔軟性はシステムが過去の経験からの学習を通してさらに強

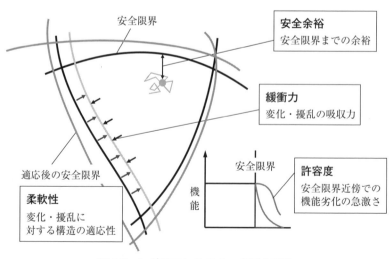

図 1.6 レジリエンスの 4 つの基本特性

く，賢くなって行く能力であり，設計変更，改修，補修，組織改革などを伴うシステムの再構成による対応を想定している．

1.5 レジリエンスの社会的側面

　レジリエンスの評価，できれば定量評価はレジリエンス工学の第1歩である．レジリエンスは変化に対するシステムの応答のさまざまな側面に関係するので，それを評価する尺度も複数あり得る．レジリエンスの三角形はたしかに有力な指標であるが，それが唯一の指標ではない．

　さらに，異なる利害関係者にとってはレジリエンスも異なることに注意すべきである．人によって価値観，ニーズ，利害は異なるので，人々が社会技術システムに期待する機能も異なる．社会技術システムのレジリエンスを議論する場合，このような違いを考慮できるレジリエンス評価の何らかの枠組みが必要であろう．

　ここでは東日本大震災後の社会インフラの復旧の例を用いて，異なる利害関係者に対する社会インフラの復旧カーブを，複数の欲求に関して評価してみた．マズロー（Maslow）は人の欲求を5層の階層構造によって記述することを提案したが[14]，この評価はマズローの欲求5階層にもとづき，下位から3階層の欲求に関する評価を行った．生理的欲求は空気，飲料水，食料，衣服，住居など，生存にとって最低限必要な条件に対応し，欲求階層の最も基底部分に位置する．この生理的欲求の上位に安全に対する欲求があり，身体的安心，経済的安心，健康，危険や脅威からの保護など，個人の安全と恐怖からの解放を求めることを意味する．そのさらに上位にあるのが社会的欲求で，他人から好かれたい，他人と交流したい，孤独から解放されたい，共同体に所属したいといった欲求がこれに相当する．

　欲求の充足レベルに関する評価基準は，表1.1に示すように，各欲求の構成要件をより基本的な項目に分解し，この作業を社会インフラサービスの利用可能状況に関するデータのレベルに到達するまで繰り返すことによって構築した．震災後における社会インフラの経時的機能回復状況は，主にインターネットの公開情報から推測した．

第1章　レジリエンス工学の誕生

表1.1　評価基準の項目分解

欲求階層	項　目	基本データ
生理的欲求	飲料水 食料 住居 医療 ……	上水道，給水車 店舗，配給 自宅，避難所 病院 ……
安全に対する欲求	電気 水 ガス 情報 ……	電力網，発電機 上水道 ガス供給網 インターネット，テレビ，ラジオ ……
社会的欲求	プライバシー 職業 家族・親戚 財産 ……	自宅か避難所か 職場，雇用者 家族・親戚の安否 自宅，自家用車 ……

　異なる利害関係者を考慮するためにペルソナ(persona)手法を用いた．ペルソナ手法は，異なるユーザーの特性を製品開発に反映すべく1980年代にクーパー(Cooper)によって提案された手法である[15]．ペルソナとは，製品やサービスの設計において考慮しなければならない仮想的ではあるがきわめて具体的なユーザーのモデルである．ペルソナ手法においては，多数のペルソナによって期待される性質の異なるユーザーの全範囲をカバーすることを試みる．

　今回の評価は例示が目的であるため，気仙沼市の同じ町に住む3人のペルソナを被災者の手記などを参考に作成して使用した．ペルソナAは20代の男性会社員，ペルソナBは40代の男性自営業者，ペルソナCは70代の退職した男性である．各ペルソナに対して，社会インフラサービスの異なるニーズを考慮し，3つの欲求階層にかかわる充足度をレジリエンスの尺度として評価した．

　図1.7には生理的欲求と社会的欲求の評価結果を示している．この図から

1.5 レジリエンスの社会的側面

わかるように，欲求階層と被災者の利害の違いによってレジリエンスの評価結果はかなり異なる．生理的欲求に関して，ペルソナCの充足度は落込みが激しく回復も遅いが，これはペルソナCが高齢者特有の疾患を患っているために医療サービスの回復状況に大きく左右されるためである．社会的欲求ではペルソナBの回復が大きく遅れているが，この被災者は自営業で営んでいた店舗が倒壊して経済的自立の道が閉ざされたためである．

前の節で述べたように，レジリエンスが有する多種多様な側面をカバーする評価指標や評価手法を確立することそのものは容易でない．さらに加えて，ここに示したようにことなる人が状況をどう知覚，認識するかを考慮に入れてレジリエンスを評価する必要がある．そうしなければ，レジリエンス工学の成果は人々の現実のニーズを反映しなくなり，特に弱者が切り捨てられる恐れが出てくる．これもレジリエンスの評価における大きな課題であ

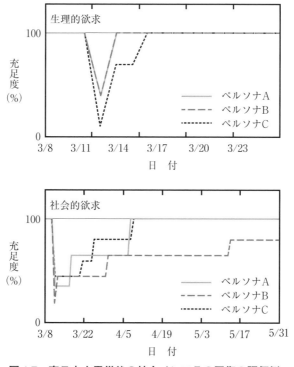

図1.7 東日本大震災後の社会インフラの回復の評価例

る．

1.6 レジリエンス工学の重要課題

1.6.1 レジリエンスの実現プロセス

　高信頼性組織が共通に見せる特徴は，どうしたら技術社会組織にレジリエンスを造り込むことができるかについて有用な示唆を与えてくれる．すなわち，機能の変動が共鳴現象を起さないようにするためには，社会組織は予期，監視，反応，学習の4つの活動から成るプロセスを繰り返さなければならない．

　まず，予期においては短期および長期において起り得るあらゆる脅威や変化を組織は予想し，これらの脅威や変化に備えなければならない．次に，監視においては共鳴を起すかもしれない望ましくない機能の変動の予兆を検出するために，システムの稼動状態を常に監視している必要がある．そして，システム状態が安全限界を超えてしまいそうになったなら，直ちに機能の変動を抑制するための何らかの行動をとらなければならない．最後に，組織は過去の経験から学び，自身の構造を再構成することによって，長期的な変化の影響を吸収できるように進化しなければならない．

　上記プロセスの各段階で必要となる要素技術はさまざまな専門領域ですでに開発されてきたが，さらに先端的な要素技術の開発が必要になるだろう．これらの基盤技術の上に，さらにそれらを統合化するための方法論，レジリエンスを評価するための方法論，研究成果を社会実装するための方法論が求められる．これらの課題について以下に説明する．

1.6.2 レジリエンスの評価

　図1.5(p.13)に示したレジリエンスの三角形はシステムのレジリエンスを定量的に評価する簡明で有力な方法ではあるが，システムの機能を表す指標にはかなりの恣意性がある．さらに，機能の回復速度だけでなく回復に必要なコストや労力も考慮すべきであるとの議論もある．回復コストも考慮した場合，レジリエンスの三角形の面積が同じだったらコストが少ないほどレジ

リエンスが高いと考える．さらに，1.4.3項で紹介したレジリエンスにかかわるシステムの基本特性を評価指標には含めるべきであるとの議論もある．このうち，安全余裕は従来のリスクマネジメントにおいてリスク限度とともに用いられてきた指標であるが，他の3特性に対応する指標については今後に確立して行かなければならない．

前節で論じた利害関係者の違いの考慮も，レジリエンス評価にかかわる課題である．社会技術システムのどの機能が重要かは特定の利害関係者が置かれた状況に依存する．評価例で示されたように，健康状態に問題を抱えた高齢者の立場と，働き盛りの健康な若者の立場とは当然ながら異なる．社会問題の技術的解決においては，人々を平均像で捉えて効用の最大化を試みることが行われがちであるが，このやり方ではときとして弱者切捨てになることもあり，特定集団の利害に焦点を当てることが必要なこともある．

1.6.3　相互依存性の考慮

われわれの現代社会は多数のシステム互いに絡み合った複雑なシステムオブシステムズ(system of systems)を形成しており，これを構成するシステムを独立に眺めていては全体の振舞いを理解することは到底できない．例えば，重要社会インフラと呼ばれるシステムは電力，水道，交通運輸，情報通信などのシステムが相互に絡み合い，依存し合ってできているシステムである．例えば情報通信システムは電力の供給がなければ動かないし，電力システムは情報通信によって制御されているなど，相互に依存し合っている．したがって，1つのシステムの破綻の影響は他のシステムに伝播する．

1つのシステムは空間的に拡がっており，ある場所で混乱が起きるとその影響は他の場所に伝播し，広範囲のシステム破綻を引き起す恐れがある．混乱はさらに異なるシステム間の依存関係を介して他のシステムに飛び火するかもしれない．こうして重要インフラシステムが雪崩現象的は破綻を起せば，それは社会に大きな損害を与えることになる．

大規模自然災害，テロ攻撃，国際金融市場の混乱などによるそのような雪崩現象的破綻を防止するためには，そのようなシステム間相互作用を考慮したうえでシステムの振舞いを予測し，対策を講ずる必要がある[16]．また，

システムオブシステムズのレジリエンスを向上させるためには，そのような相互作用を考慮したうえでシステムの復旧プランを立てなければならない．システムオブシステムズの相互依存性を考慮できる大規模シミュレーション技術の開発が望まれる．

1.6.4　決定支援

　社会技術システムに甚大な損害をきたすような危機に際して，損害発生の場所，種類，規模，被災者のニーズ，システムの機能回復に必要な資材の分布などに関する情報を迅速に収集し，意思決定権者に伝達するための何らかの仕組みが不可欠である．このような緊急時には固定式のセンサー情報通信ネットワークは被害を受ける可能性があるので，被災現場に展開できる可搬型のシステムが必要であり，危機管理の場面においてはドローンや衛星通信システムが有用である．

　収集した情報は決定権者にタイムリーに届けるだけでなく，大量の収集情報から必要なものだけを取捨選択し，理解しやすい形に加工し，提示する必要がある．このためには，画像処理，データマイニング，情報検索，情報可視化などの技術が有効である．また，東日本大震災の発生直後には，公式情報や公式の情報通信システムが利用できず，SNS (Social Network Service) が役に立ったという経験がある．したがって，中央集権的な危機対応専用の情報システムに加えて，分散型の汎用システムの活用も視野に入れるべきである．

　さらに，最終的な意思決定を行う主体は人であることを考慮すべきで，人の認知特性や能力にマッチしない情報は意思決定に役立たない．危機管理においてもヒューマンファクターを考慮することが不可欠である．加えて，危機における意思決定の多くは個人ではなく組織により行われるので，コミュニケーション，チーム協調，組織因子なども考慮しなければならない．

　危機における状況認識だけでなく，相互依存性を考慮したリアルタイムでの復旧計画の立案に対する決定支援も重要である．そのためには，災害シミュレーション，最適計画法，決定支援システムなどの開発が課題となる．

1.6.5　日常的状況におけるレジリエンス

ここまでの議論は危機対応に関する問題に偏りがちであったが，レジリエンスは社会技術システムの日常的状況における安全性，信頼性，セキュリティにも大いに関係する．レジリエンスはメンテナンスによって機能を維持し，環境変化に反応して自己改革を行い，過去の経験から学んで改善するシステムの能力を表している．危機対応におけるレジリエンスは，急激なシステム機能の劣化状態からの回復力に対応するのに対して，日常的状況におけるレジリエンスは，非常に緩やかな機能低下からの回復力に対応する．

従来型のリスクマネジメントにおいてはシステムの潜在的欠陥を検出して取り除く最大限の努力が払われてきた．しかし，複雑な社会技術システムからすべての欠陥を取り除くことは不可能なので，ある程度の欠陥の存在は認めざるを得ない．レジリエンス工学ではシステム機能の変動は不可避であると考え，ただし事故防止のために機能の変動が共鳴したり拡大したりすることを抑えるように行動する．このため，環境の変化に対する柔軟な対応がレジリエンス実現の鍵となる．

あらゆる社会技術システムにおいて些細な出来事は頻繁に起きるが，些細な出来事の傾向は次の環境変化に影響する．そのような出来事に関する情報を収集して分析し，分析結果にもとづいて設備や組織や運用を改善する組織的活動が，大事故を防止するためには不可欠である．そうした活動はよくある事故故障対策というよりも，より大規模に行われる組織的学習，あるいはシステムの進化と捉えることができる．

1.6.6　社会実装

レジリエンス工学の成果を社会に実装するためには，社会制度や社会組織の再設計が必要であるが，人々の新しい制度への適応をどう支援するのかが鍵となろう．人々が新技術や新制度に予想とは違った反応をして，望ましくない結果を生むような副作用を避けなければならない．社会シミュレーション，組織マネジメント，プロジェクトマネジメントなどの技術が，そのような副作用を考慮に入れつつ社会制度や組織的活動を設計することに役立つであろう．

最後に，新しい技術は人々の合意を得て初めて受容されるものである．専門家が「よりよい社会」を実現するための技術と主張するとき，社会的福祉の判断基準は何か，あるいは誰にとってのよりよい社会なのかという疑問に対する答えが求められる．この疑問に専門家が答えるだけでなく，この問題に興味を有する人々の間で合意が形成されることが不可欠である．

1.7 第1章のまとめ

　社会技術システムの規模と複雑さとが増すにつれて，システム安全の問題にかかわる主な論点は，技術の欠陥，ヒューマンエラー，社会と技術の相互作用へと移り，今ではレジリエンスが論じられる時代となった．従来のリスクマネジメントは災害の防止を目的としており，この目的はある想定にもとづいて設定された設計基準との関係において達成されていた．現実の状況がこの想定を超えるとき，それでは損害の発生から逃れることはできない．

　アメリカの同時多発テロや日本の東日本大震災などの災害を体験し，想定外の状況に対する備えも怠ってはならないとの認識が強まった．この問題を解決するためのシステム安全における新たなフロンティアがレジリエンス工学である．

第1章の参考文献
[1] 河野龍太郎：『ヒューマンエラーを防ぐ技術』，日本能率協会マネジメントセンター，2006年．
[2] J.T.リーズン（著），塩見 弘，佐相邦英，高野研一（訳）：『組織事故―起こるべくして起こる事故からの脱出』，日科技連出版社，1999年．
[3] E.ホルナゲル，D.D.ウッズ，N.レベソン（著），北村正晴（訳）：『レジリエンスエンジニアリング―概念と指針』，日科技連出版社，2012年．
[4] A.ゾッリ，A.M.ヒーリー（著），須川綾子（訳）：『レジリエンス 復活力―あらゆるシステムの破綻と回復を分けるものは何か』，ダイヤモンド社，2013年．
[5] E.M.Dougherty, J.R.Fragola : *Human Reliability Analysis*, New York, US : John Wiley & Sons, 1988.
[6] E.ホルナゲル（著），古田一雄（訳）：『認知システム工学―情況が制御を決定する』，海文堂出版，1996年．
[7] R.Tuomela, K.Miller : "WE-INTENTIONS," *Philosophical Studies*, Vol.53, 1988,

pp.367-389.
［8］ T.Kanno："The notion of sharedness based on mutual belief," *Proc 12th Int. Conf. Human-Computer Interaction*, Beijing, 2007, pp.1347-1351.
［9］ P.M.センゲ(著)，枝廣淳子，小田理一郎，中小路佳代子(訳)：『学習する組織―システム思考で未来を創造する』，英治出版，2011年.
［10］ C.S.Holling："Resilience and Stability of Ecological Systems," *Annual Review of Ecology and Systematics*, Vol.4, 1973, pp.1-23.
［11］ M.Bruneau, et al.："A Framework to Quantitatively Assess and Enhance the Seismic Resilience of Communities," *Earthquake Spectra*, Vol.19, No.4, 2003, pp.733-752.
［12］ N.N.タレブ(著)，望月 衛(訳)：『ブラック・スワン―不確実性とリスクの本質』，ダイヤモンド社，2009年.
［13］ D.D.Woods："Essential Characteristics of Resilience," In E.Hollnagel, D.D.Woods, N.Leveson(Eds.), *Resilience Engineering : Concepts and Precepts*, Aldershot, UK : Ashgate, 2006, pp.21-34.
［14］ A.H.マズロー(著)，小口忠彦(訳)：『人間性の心理学―モチベーションとパーソナリティ』，産能大出版部，1987年.
［15］ A.Cooper：*The Inmates Are Running the Asylum*, New York : Macmillan, 1999.
［16］ 奥山恭英，堀井秀之，山口健太郎：「相互依存性解析：研究開発動向と課題」，『社会技術研究論文集』，Vol.5，2008年，pp.197-205.

第2章

自然災害とレジリエンス

　本章では，はじめに，自然災害に対するレジリエンスを議論するための前提として，自然災害に対するリスク評価，リスクマネジメントなどの考え方を概説する．そのうえで，自然災害に対するレジリエンスについて，既往研究の整理・分析にもとづき解説する．

　次に，レジリエンスの概念は従来のリスク概念および災害リスクマネジメントと必ずしも対立する概念ではなく，従来の災害リスクマネジメントの考え方を拡張するものであることを述べる．特に，構造物あるいは施設などを中心とした人工システムの損傷や破壊を対象とする評価から，ひとと社会への影響も含めたリスクの評価とマネジメントへの発展を志向するものであることを述べる．

　最後に，自然災害に対するリスクマネジメントという観点からレジリエンスを議論するにあたっては，災害被害の低減，被害からの復旧という観点に加えて，社会や科学技術の長期的な変化に対する対応という観点が重要であることを述べる．

2.1　自然災害に対する防災

　災害は，法律上は「暴風，豪雨，豪雪，洪水，高潮，地震，津波，噴火その他の異常な自然現象又は大規模な火事若しくは爆発その他その及ぼす被害の程度においてこれらに類する(中略)原因により生ずる被害」[1]と定義される．

　防災は，国語辞典によると，台風・地震・火事などの災害を防ぐことと定義される．一方，法律上では，「災害を未然に防止し，災害が発生した場合における被害の拡大を防ぎ，及び災害の復旧を図ること」[1]であるとされ，従来の防災よりも広い定義が採用されている．これは，災害へ対処するため

には，狭義の「防災(disaster prevention)」だけでは不十分であり，「減災(disaster mitigation)」，「復旧(disaster recovery)」といった戦略も組み合わせて考えることが重要であることを示唆するものである．

2.2 災害を引き起こす誘因（ハザード）

2.2.1 ハザードとは

安全に脅威を与える可能性のある潜在的な危険性の原因のことをハザードと呼ぶ．

例えば，化学プラントなどにおけるリスク評価においては，爆発性，発火性，引火性などの性質を有する物質のことをハザードと呼ぶこともある．

一方，災害リスク評価においては，災害を引き起こす可能性のある潜在的な誘因のことをハザードと呼ぶ．災害を引き起こす可能性があるハザードは，地震や強風，火山など，自然現象が直接の原因となる自然ハザードと，火災や航空機落下，意図的な不法行為など，人間の行為が原因となる人為ハザードに分けられる．

表2.1にこれらのハザードの定義と例を示す．これらの事象は，それぞれが単独で発生することもあれば，同時に発生したり，複数の事象が連続して発生したりすることもある．例えば，地震後の津波の襲来や，火災の発生な

表2.1 ハザードの分類と例

ハザードの分類	定義	例
自然ハザード	自然現象が直接の原因となるハザード	地震・津波
		洪水・高潮
		強風
		火山噴火
人為ハザード	人間の行為が原因となるハザード	航空機落下
		火災
		サイバー攻撃
		意図的な不法行為

どに代表されるように同時に発生する場合には，複数の事象の影響が重なり合うことで，大きな被害につながる可能性が高くなる．

2.2.2 ハザード評価

ハザード評価では，施設がどの程度の規模の大きなハザードに見舞われる可能性があるかを分析・評価する．確率論的ハザード評価は，確率を用いてその可能性を定量的に分析・評価する手法である．確率論的ハザード評価については，発生が非常にまれな地震をはじめとする自然現象について，その発生確率を評価できるのかという疑問が呈されることもある．しかし，非常にまれにしか発生しないがゆえに過去の経験が少ないハザードの評価に対して，主観的な評価のバイアスを可能な限り排し，客観的な分析を行うことが重要である．確率論的ハザード評価はそのための代表的なツールであるといえる．そのため，専門家の異なる見解を集約する方法など関連するさまざまな方法論も提案されている[2]．また，後述するように，自然現象に関する科学的知見は日々変化するため，最新知見を反映しハザード評価を定期的に更新することも重要な観点である．

地震の揺れに関する確率論的ハザード評価(確率論的地震動ハザード評価と呼ぶ)では，ある評価地点に対して，影響を及ぼし得るすべての震源を考慮し，その地点が大きな地震動に見舞われる危険性を評価する．その際，地震の発生および評価地点における揺れの特徴，それらの予測の不確実さを考慮した評価を行う．

確率論的地震動ハザード評価の結果は，地震動ハザード曲線の形で表される．図 2.1 には，例として，福岡県庁，東京都庁，北海道庁の位置における地震動ハザード曲線の評価結果の例を示す．横軸は地面の揺れの大きさ(図 2.1 では計測震度)，縦軸はその揺れを超える確率(図では 30 年間に超える確率)を表す．揺れが大きくなるにつれて，それを越える揺れが発生する確率が小さくなる傾向が表現されている．

日本は地震国ではあるがどの地域でも同じように地震が発生するわけではなく，少なからず地域性が存在する．施設や都市に対する地震リスクマネジメントでは，このような地域性を踏まえることが有効であると考えられる．

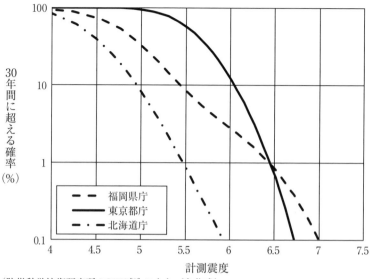

図 2.1 地震動ハザード曲線の例

地震動ハザード曲線の特徴は，福岡県庁，東京都庁，北海道庁の3地点で異なることがわかる．東京都庁の周辺では，中小地震から大地震まで比較的頻繁に発生するのに対して，北海道では全体的に地震が発生しにくい環境にあることなどが結果の違いとして現れているためである．また，福岡県庁では，頻繁に地震が発生することはない一方で，警固断層と呼ばれる大きな揺れを発生させる可能性がある活断層が直下に存在することなどがモデル化されている．このため，揺れの小さい領域では北海道庁の傾向に近く，揺れの大きい領域では東京都庁に近い傾向を示す．

ただし，地震に関する科学的知見は日々変化する．例えば，福岡県において警固断層の影響が指摘されだしたのは，比較的最近になってからである．警固断層に関する新しい知見を反映して，福岡県における地震ハザードの評価結果は特に発生確率が小さい領域において大きく変化した．確率論的評価を含めた地震ハザード評価は，このようにその前提となる科学的知見が更新され得ること，それによりハザード評価結果が変わり得るものであるという点に留意が必要である．また，社会の側のハザードに対する考え方もまた変

わり得る．例えば，従来は，30年間でそれを超える確率(30年超過確率と呼ぶ)が50%(1年超過確率で2%)程度の比較的大きい確率に着目し地震ハザードを議論してきたが，最近では，より小さい確率(具体的には30年超過確率1%程度，1年超過確率0.04%)にまで着目してより高い耐震安全性の議論がされるようになっている．

災害リスクマネジメントは，このようなハザード評価の特徴を前提に実施される必要がある．

2.3 安全とリスク

2.3.1 安全とは

2.2節で議論したハザード評価は，災害を引き起こす可能性のある潜在的な誘因の発生可能性を評価するものであった．一方で，安全かどうかの評価は，ハザード評価に加えて，施設やひと，組織，社会の特徴を含めて議論する必要がある．人工システムのリスク評価は，従来は施設の物理的な被害とその要因に着目した評価が中心であった．しかし，近年ではそれらの被害がひと，組織，社会に及ぼす影響に着目したうえで，人工システムの弱点を発見すること，そのためにリスク評価を実施することの重要性が改めて認識されている．

安全は，一般に，「許容できないリスクがないこと」と定義される[4]．安全はリスクを尺度として計量される．ここで，「許容できない」という文言を含むことに注意が必要である．リスクについて，安全と判断し許容するかどうかは，社会や組織，個人の価値判断を含まざるを得ないことを含意するものである．

2.3.2 リスクとは

組織や個人は自ら達成すべき目標を持つ．一般に，その目標を達成できるかどうか，いつ達成できるかについては不確実である．これは，内部及び外部のさまざまな要因によるものである．この不確実さのもとで目標が達成されるために行う行為をリスクマネジメントと呼ぶ．このような前提から，リ

スクは「目的に対する不確かさの影響」と定義される[5].

　災害リスク評価の結果は，リスクマネジメントに有効に活用されて，初めて役に立つものである．工学分野においては，例えば，「被害の影響・結果」×「被害の発生確率」という積の形，つまり，被害の影響・結果の期待値としてリスクを定義することが多い．この際重要なのは，災害リスクとは，単に災害の発生確率ではなく，災害が発生した際の影響・結果も併せて評価するという点である．さらに，リスクとは以下の3つの質問に対する答えであると定義されることもある[6].

① どのような望ましくない事態が発生するか？　（シナリオ）
② その発生可能性はどの程度か？　（起こりやすさ，頻度(確率)）
③ その結果はどの程度か？　（影響・結果）

「発生可能性」という表現には定性的な「起こりやすさ」といった意味も含むが，定量的に評価する場合には「頻度」あるいは「確率」が用いられる．効果的な災害発生防止策や影響緩和策の議論は，定量的な情報だけでなく，定性的な情報にももとづくべきである．例えば，上述したリスクの定義の一要素でもある災害発生時のシナリオに関する情報は，定性的ではあるが，効果的な対策を立案・決定するために必要な情報である．

　このような背景から，リスクマネジメントにおいて，安全かどうかを判断する際には，定量的なリスク評価結果のみにもとづき安全かどうかを判断するリスクにもとづく(risk-based)意思決定は不適切であり，定性的な情報まで含めてさまざまなリスクに関する情報を統合して判断するリスク情報を活用した(risk-informed)意思決定が望ましいという考え方が広まりつつある．

2.3.3　被害の影響・結果

　2.3.2項では，リスクは，「シナリオ」，「頻度(確率)」，「影響・結果」の3つの要素として定義されると述べた．この際，望ましくない事態が招く影響・結果は，ハザードの種類，評価対象となるひとや組織，地域特性などによって異なり得ることにも注意が必要である．

　地震災害による被害(影響)は，人的被害や物的被害，環境被害などの直接被害と，生活被害，経済被害などの間接被害に大別される．

環境被害には，極端な例としては，原子力発電所や化学プラントなど安全上重要な施設における事故による周辺環境の汚染などがあげられる．環境被害の発生は，生活被害や経済被害の発生にもつながる．生活被害には，子供・老人などの災害弱者や長期避難を含む避難者の発生，避難による地域の治安悪化，帰宅困難者の発生などがあげられ，電気・ガス・水道などのインフラ復旧の遅れによる生活困難の長期化が含まれる．長期的には，人口の域外流出も発生し得る．また，これらは，企業の活動の妨げにもつながり，さらなる人口流出による労働人口の減少も併せて，長期的な経済被害につながり得る．

2.4 自然災害リスクに対するマネジメント

2.4.1 リスクマネジメントの枠組み

近年，リスクマネジメントプロセスあるいはリスク情報を活用した意思決定プロセスの重要性が再認識されている[7][8]．そこでは，リスク評価の結果に加えて，最新の知見，経験，法規制，対策にかかる費用，対策の効果など，ときに相反する要素を統合した形で意思決定が行われる．

リスクマネジメントプロセスは，置かれている状況の確定，リスクアセスメント，リスク対応，モニタリング及びレビューからなる．コミュニケーション及び協議はリスクマネジメントを通して重要となる．図2.2にリスクマネジメントプロセスの例を示す．

リスクアセスメントは，リスクの特定(identification)，分析(analysis)，評価(evaluation)からなる．リスクの特定では，分析対象となるリスクを特定する．リスクの分析では，分析対象となるリスクの影響・結果と頻度を計量する．リスクの評価では，分析したリスクとリスク基準(安全目標と呼ばれることもある)を比較し，リスクに対する対応を行うべきかを決定する．

リスク対応では，リスクを保有するか，リスク(影響・結果や頻度)を低減するか，あるいは，回避，共有することで，リスクを保有できるレベルに小さくする．なお，リスク対応では，機会追求のためリスクを取る(増加させる)ことも可能である．また，リスクを保有できる場合においても，訓練を

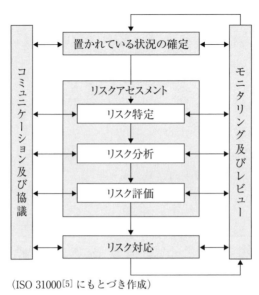

(ISO 31000[5] にもとづき作成)
図 2.2　ISO 31000 におけるリスクマネジメントプロセス

含め緊急事態に対する事前準備などの危機管理体制の確立や，緊急時に備えた経済的な備えなどが必要である．これらは，後述するレジリエンスの重要性の考え方とも一部関係する．

2.4.2　安全目標とリスク基準

　原子力発電所や化学プラント，航空機などの人工システムに対して，リスクをゼロにすることは例えば最新の技術を活用したとしても困難であることが多い．これらの人工システムに社会的な便益があると認められる場合には，リスクがゼロでなくても社会的に許容される．この際，どの程度安全であれば十分安全か(How safe is safe enough?)，つまり，どの程度リスクを小さくすることができれば社会に許容されるが論点となる．

　これに関して，人命リスクに対する安全目標の議論は，比較的古くからなされている．近年では，人的被害に関する目標に加えて環境汚染などに関する安全目標の議論も行われるようになってきている[9][10]．しかし，これらの安全目標の議論では，災害の影響・結果とその発生頻度に着目することが

主で，後述するレジリエンスの観点，つまり回復や復興など多様な視点から，安全目標が議論されることはこれまではそれほど多くなかった．

なお，安全目標を策定する目的の1つは，公的な規制機関による規制の根拠あるいは規制の透明性や予見性の向上といった利益をもたらすことにある．ただし，安全目標は，規制のためだけに用いられるのではなく，施設の保有者自らが目的を設定することで，継続的にリスクマネジメントを実施するためにも重要であるとも認識されている[9].

2.4.3 リスクマネジメントの観点からみた「防災」

従来の自然防災対策では，既往最大クラスの自然現象を想定し，それに対して対策を行うことが一般的であった．2011年に発生した東日本大震災は，このようなこれまでの自然防災の考え方の限界を，いくつかの観点で露呈したともいうことができる．

まず，既往最大クラスの自然現象の規模は，参照できる記録の期間に大きく依存する．例えば，記録期間が短ければ，既往最大を超える規模の自然現象は将来的に頻繁に発生し得ることになるため，あまり意味をなさない．さらに問題と考えられるのは，過去に発生したものに対してのみ対策をすればよいという社会としての自然災害に対する後ろ向きの姿勢であるともいえる．

一般に，これまで発生したことのない規模の自然現象を想定し，それに対して対策することは，なぜその対策が必要であるかの説明も難しい．そのため，利害関係者の合意を得ることが難しい場合が多い．また，想定されたものに対して100%安全になるような対策をしなければいけない，あるいは壊滅的な被害が発生するような想定は社会的な混乱を招くので避けるべきというような先入観が社会の側に存在すると，既往最大を超える自然現象を科学的に合理的に想定すること自体が行いづらくなってしまう可能性も否定できない．

なお，既往最大クラスの自然現象に対して対策を行うとする考え方は，地点固有の自然ハザードの評価を行いそれに対する対策を行うべきであるという暗黙の前提にもとづく．地点固有の自然ハザードを精度良く評価し，その

結果にもとづき対策を検討すること自体は重要である．しかし，自然ハザードの評価においては，世界各国で発生している自然事象から得られる経験や最新の科学的知見も活用した柔軟な想定が求められる．例えば，東日本大震災を受けて，2004年スマトラ島沖地震で得られた科学的知見を適切に反映しておくべきであったという反省も聞かれる．つまり，幅広い知見を踏まえたうえで，地点固有の評価を行うことが重要である．

つまり，リスクマネジメントの観点からは，防災において，既往最大という比較的規模の大きい自然事象の想定とそれに対する対策に限定することなく，比較的発生頻度の高い自然事象からこれまで発生したことのないような規模の自然事象までを，最新の知見を踏まえて網羅的に想定し，それぞれに対して，地域の状況や社会からの要求，事象の重要性に応じた段階的な対策を検討することが望まれる．特に，大規模な自然災害の発生が想定される場合には，災害の発生防止だけでなく，影響緩和や緊急事態に対する対応，復旧・復興，あるいは長期的な計画まで含めて総合的に考えることが必要となる[11]．

2.4.4 想定外とリスク概念

「想定外」という言葉は，事前に予想した範囲を超えるもので致し方ないという印象を与えがちである．しかし，その中には，リスクマネジメントの失敗と考えるべきものも含まれる．想定外には，リスクが客観的に極めて低いと判断され想定から除かれることが原因となるほか，専門家間の意見の不一致が原因のもの，価値観の多様性に対する認識不足が原因のもの，人や組織の失敗が原因となるものまでさまざまなものがあることが指摘されている[12]．

「気づいていても備えていない領域」が想定外の被害をもたらすことは典型的なリスクマネジメントの失敗である．例えば，複数の専門家の意見の不一致や価値観の多様性があるにもかかわらず，それに対する認識不足があったり，あるいは一部の考えに固執したりすることなどは，想定外の発生を招き得る．その場合，その判断・意思決定やその後の監視などのリスクマネジメントにおけるプロセスが適切であったかどうかが議論となる．また，前述

のとおり，リスクが十分低くリスクを保有した場合においても，保有したリスクが顕在化した場合，つまり緊急時に対して備えておくことをしていないことが，想定外の発生へとつながる．

さらに，特に巨大な自然災害のような過去の経験がきわめて少ないものについては，「気づかずに備えていない」可能性も否定できない．このような原因で発生する想定外の可能性を可能な限り小さくするためには，科学的想像力，行動の迅速性，分野間の協働（分野横断のブレーンストーミングと統合など）がそれらを避ける重要なアプローチであるという指摘もある[13]．

2.5 リスク概念の拡張としてのレジリエンス概念

ブルーノ（Bruneau）らは，システムの能力を特徴づけるものとしてレジリエンス概念を提案した[14]．レジリエンスとはシステムの能力であり，機能低下の発生可能性を低減し，突然の機能低下が発生した場合にはその影響を吸収し，発生後には速やかに回復する能力とされる．これは，前述したリスク概念ともある程度整合するものであり，従来のリスク概念を拡張するものであるといえる．

機能低下が発生した後に速やかに回復する能力などレジリエンスの考え方は，従来のリスク概念においても，暗黙のうちに取り扱ってはいた．例えば，人命や，構造物，設備・機器などの直接被害のみでなく，経済被害などの間接被害も含めて影響・結果を評価することで，回復力とも関係する被害の大きさを定量的に評価することができる．

別の観点では，レジリエンス概念は，施設の物理的被害など人工システムに評価対象を限定せず，その機能低下が発生した際の社会への影響，特に通常の状態に回復するまでのシナリオをリスク評価に明示的に含めることを要求しているともいえる．その点で，レジリエンスの評価は人工システムを主な評価対象として，施設の物理的被害，それに伴う機能低下が発生するかどうかに主な焦点を置いてきた従来のリスク評価の枠組みの拡張であるといえる．

2.6 人工システムとその分類

2.6.1 目的と環境による人工システムの分類

　システムとは，複数の要素からなり，それらの要素が作用しあい全体として秩序を作るものをさす．一般にシステムは所定の目的のために機能する．また，多くの場合，明確に定義された境界を有し，システムをとりまく環境についても既知であることが前提とされる．

　一方，科学技術が社会に浸透するにつれて，人工システムは，複雑化，巨大化している．人工システムの例としては，都市，インターネットに代表される人工物ネットワーク，原子力発電所とそれを取り巻く人・組織・社会などがあげられる．人工システムは，空間的，物理的，社会的に広がりを有し，多数の要素が複雑に相互作用し，その性能が社会に多大な影響を与える．これらをそれぞれ個別のシステムとして理解し，設計，製作，運用することは重要であるが，それに加えて，巨大複雑システムとしてその共通特性を理解することが求められている[15]．

　日本学術会議の提言にもとづけば，システムはそれを取り囲む環境とその目的という視点で，大きく3つに分類することができる[15]．

① システムの目的および取り囲む環境に関する情報が完全で，完全に記述できるシステム（クラスⅠと呼ぶ）

② システムの目的に関する情報は完全であるが，取り囲む環境に関する情報が不明確で，完全には記述できないシステム（クラスⅡと呼ぶ）

③ システムの目的，取り囲む環境に関する情報がともに不完全で，完全には記述できないシステム（クラスⅢと呼ぶ）

　ライフサイクル費用（初期費用，対策費用，機能喪失時の損失などの合計額）の最小化，あるいは，施設の便益を最大化するといった最適化に関する課題は，従来の工学における中心的な検討課題の1つであった．しかし，このようなアプローチは，クラスⅠのシステムに対しては有効となり得るが，システムの目的や環境が必ずしも明確ではないクラスⅡやⅢのシステムでは，求めた最適解が限定的な意味しか持たないこともあり得ることに注意が必要である．参考文献[15]によると，そのような場合には，適応的あるいは

共創的な解探索が有効であるとされる．

2.6.2 都市の自然災害に対する安全性

建築物や道路網，電力供給ネットワークなどのライフラインを含む都市（システム）は典型的な巨大複雑系社会経済システムである．我が国では，都市は，地震の揺れや津波などの自然災害のリスクにさらされている．このような都市の安全性を考えるうえで重要な論点が2つある．

1つ目の論点は，自然災害の発生可能性をゼロあるいはほぼゼロとみなせるような都市を構築することが現実的でない場合も多いという点である．これは，主に，技術的あるいは経済的な制約によるものである．また，前述のように想定外となるような事象が発生する可能性も完全には否定できない．このような残存せざるを得ないリスクに対して，合理的に実行できる範囲で継続的にリスクを低減するとともに，リスクが顕在化し災害が発生した場合に対する備えをすることが重要と考えられる．

2つ目の論点が，システムの分類にもとづくものである．都市を人工システムとして捉えた場合，都市の目的や都市を取り囲む環境に関するわれわれの認識は日々変化し，完全に記述することが難しい．つまり，前述した3つの分類において，典型的なクラスⅢのシステムとして捉えるべきであるといえる．以降では，この考え方について詳述するとともに，都市のこれらの特徴を踏まえて，なぜ自然災害に対するレジリエンス概念が着目されるべきかについて考察する．

2.7 自然災害に対するレジリエンス

2.7.1 レジリエンス

(1) レジリエンスの定量評価

自然災害リスクとレジリエンスについて，1つ目の論点として，自然災害に対して都市にゼロリスクを求めることが現実的でない場合も多いこと，さらに，想定外となるような事象が発生する可能性も完全には否定できないことを述べた．次に，このような残存せざるを得ないリスクに対して，顕在化

第 2 章　自然災害とレジリエンス

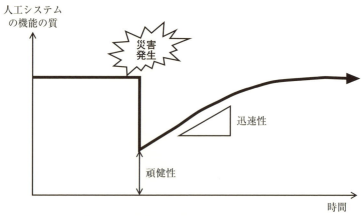

(Bruneau, et al.[14] を参考に作成)
図 2.3　災害発生後の機能低下と復旧をあらわすレジリエンス曲線

(災害が発生)した場合の備えが重要であることを述べた.

図 2.3 は，レジリエンスの定量評価における基本となるレジリエンス曲線であり，災害が発生した後における，人工システムや社会の機能の低下と機能低下後の回復の様子の時間的な経過を表したものである．一方，プラントあるいは企業においては，地震時の事業継続評価(business continuity assessment)が近年注目され，普及が進められてきた．事業継続評価においては，対象となる地震に対して，地震発生後の操業停止の期間が目標とする操業再開までの時間を下回ることができるかが問題となる．このようなプラントの生産能力の復旧過程を定量的に表すものを復旧曲線と呼び，図 2.3 と同様な形で表される．

(2) レジリエンスの構成要素

ブルーノらは，図 2.3 のレジリエンス曲線と関係し，システムの機能の低下を防ぐために個々の要素やシステムが持つべき特性として頑健性(robustness)を，システムの機能を早期に回復するために個々の要素が持つべき特性として迅速性(rapidity)をあげ，この 2 つの特性をレジリエンスの構成要素とした[14]．また，頑健性を高めるために必要な要素として冗長性(redundancy)，迅速性を高めるために必要な要素として対処能力(resourcefulness)をあげている.

地震や津波を含めた自然災害に対するレジリエンスを議論する際には,冗長性(redundancy)の取扱いに注意が必要である.極端な例として,同一の設備を同一地点に複数設置(つまり多重化)する場合,同規模の地震の揺れや津波が同時に作用することになる.これにより,これらの設備は同時に機能喪失しやすくなる.このような同時機能喪失を共通原因故障と呼ぶ.つまり,このような単純な形式の冗長性では自然災害に対する対処としては有効に機能しないことが多い.同一の機能を有し異なる機構を有する設備を導入する,設置場所を多様化する,地震の揺れに対しては同一機能を有するがさまざまな振動特性を有する複数の設備を導入するなど,個々の要素の多様性を有した形でシステム全体を構築することが重要な論点となる[16][17].

また,対処能力(resourcefulness)の議論では,人や資材の空間的な分布や災害後の移動など時間的・空間的な視点を含めることが重要と考えられる.対処能力は,いわゆる自助,共助,公助の組合せとして形作られ,大規模災害の場合には,公助による対応だけでは限界が出るため,自助と共助の重要性が大きくなる[18].自然災害の時空間的な広がりやそれに伴う人や資材の移動の制限などの特徴も考慮する必要がある.

(3) レジリエンスを定量化する指標

都市の自然災害リスクを評価するにあたっては,一般に,都市全体あるいは都市を構成する施設などの要素について,脆弱性(vulnerability)が評価される.脆弱性評価は,施設あるいはその構成要素の強度といった構造力学的な観点から行うことが一般的である.さらに,人命の喪失,プラントなどの生産機能の喪失,施設単体ではなく,施設群としての評価がされることもある.さらには,政治・経済など社会機能に着目した脆弱性評価もある.

レジリエンスの定量評価も,脆弱性評価の拡張と捉えると,脆弱性と同様の枠組みで評価することができる.また,脆弱性評価と同様に,レジリエンスの評価も多次元のものとなる.

例えば,アメリカの研究グループの報告書[19]では,Population and demographics(人口動態),Environment and ecosystem(環境・生態系),Organized government services(行政サービス), Physical infrastructure(物理的インフラ), Lifestyle and community competence(ライフスタイルとコミュニティの活力), Economic development(経済発展), Social-cultural capital(社会文化資本)という7つの指標の軸(頭文字をとってPEOPLESと称す)でレジリエンスを定量化する提案がされている.

　レジリエンスをどのような指標を用いて定量的に評価するかについては,まだ議論の余地が残されていると考えられる.また,対象とする人工システムの特徴に応じて変化し得る.また,前述のように都市をクラスⅢのシステムであると考えるとすると,社会の価値観の変化に応じて,レジリエンスの評価軸自体も変化するものと考えるべきものである.

2.7.2　能動的レジリエンス
(1)　壊滅被害を受けた後の災害発生後の適応的再構成能力
　2.5節においては,レジリエンスを「災害発生後に,機能低下の発生可能性を低減し,突然の機能低下が発生した場合にはその影響を吸収し,発生後

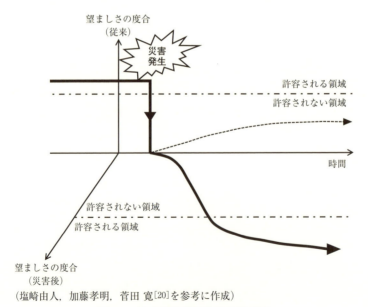

(塩崎由人,加藤孝明,菅田寛[20]を参考に作成)
図2.4　適応的再構築能力の模式図

には速やかに回復する能力」と定義した．一方で，「被災後の復旧，復興の過程において，都市をもとの状態の戻すこと」が必ずしも適切でない場合がある．これについては，東日本大震災後の復興計画においても議論されることがある．また，経済的な制約などでもとの状態に戻せないこともあり得る．

つまり，巨大災害後に元の状態に戻すことが最適な復興ではなく，さまざまな選択肢の中から被災時や復興後に想定される社会環境を踏まえた最適な評価軸に従った計画にもとづき復興を行うべきであると考えられる．塩崎らは，そのような能力を適応的再構成能力と名付け，レジリエンスの1つの構成要素であるとした[20]（図 2.4）．

これは，前述したように，都市を典型的なクラスⅢのシステムとして捉えるべきであるという点とも関連する．具体的には次の(2)で述べる．

(2) **長期的な変化に対する適応能力**

気候変動など継続的なストレス状態に対するシステムの持続可能性や安全性を議論する際には，適応能力（adaptive capacity）が重要とされる[21]．これをレジリエンスと呼ぶこともある．このことを，これまで議論した災害発生後のレジリエンスと区別するため，外乱に対するレジリエンスを受動的レジリエンス，ここで着目する適応能力を能動的レジリエンスと呼ぶこともできる．

都市の自然災害リスクに対する安全性に対する要求は，安全の定義においても述べたように，社会的な価値観にもとづき定まるものである．社会的な価値観は時代とともに変化し，個人によっても当然異なる．つまり，都市に対する安全性などの性能に関する社会からの要求は，きわめて多様であるとともに，時代とともに，質・量が変化することになる．例えば，数十年前に当時の最新の技術で建設された施設が，現在の最新の施設と比較すると，劣って感じられることがある．これは，施設自体の劣化が理由である場合もある．しかし，技術の進歩，およびわれわれの価値観が変化したことにより，安全性などに対する社会の要求が変化するという社会の側の変化も，もう1つの理由といえる．特に，都市の地震防災，あるいは原子力発電所や化学プ

ラントなどの安全上重要な施設の安全性を議論する際には，このような視点を踏まえることが求められる．

また，地震を含め自然現象に関する科学的知見が日々進歩することも本質的に重要な点である．つまり，自然ハザードの分析は，現時点における最新の知見を用いて最善の分析をつくしたとしても，不可避的に未知な部分が残る．その結果として，将来大きく分析結果が変わることが避けられない場合もあるということである．例えば，我が国においても数十年前は津波のリスクはそれほど高くないと考えられていた地域が，現在は津波リスクが高い地域とみなされる場合もあることなどがその一例としてあげられる．

2.8 レジリエンスを規範とした自然災害リスク対処の工学体系の構築に向けて

個々の施設を新設する際の自然ハザードに対する設計においては，機能維持，人命保護，倒壊防止といったような被災直後の状態を性能要求とする従来の性能設計法を拡張し，緊急事態への対処や復旧に関する性能要求も含めたレジリエンス規範型の設計法の構築が望まれる[22]．

一方，自然災害リスクにさらされる都市やその構成要素である個別施設では，与える役割や目的が時代とともに変遷する可能性があること，さらに，都市を取り囲む自然事象に関するわれわれの知見も日々更新されるとともに，新たな技術が日々開発されることは上述したとおりである．このような状況下においては，施設の生涯にわたるライフサイクルマネジメントが都市の安全確保に重要な役割を果たす．つまり，自然ハザードに対する安全性に関する体系を議論するにあたっては，新築時の設計における検討のみでは不十分であり，建設，運用，廃棄を含めたライフサイクルで考えることが重要であることが理解される．

実際，我が国では，戦後，高度経済成長期を経て，都市にさまざまな建築物が蓄積されるとともに，社会的要求も大きく変化している．これに対する法規制などの制度的観点も含めた適応性もまたレジリエンスの重要な要素である．

謝　辞

本稿の一部は，青木萌氏（東京大学大学院工学系研究科大学院生）の研究[23]にもとづいている．記して謝意を表す．

第2章の参考文献

［1］　『災害対策基本法』，最終改正，平成二八年五月二〇日法律第四七号．
［2］　酒井俊朗：「確率論的地震動ハザード評価の高度化に関する調査・分析―米国SSHACガイドラインの適用に向けて―」，『電力中央研究所調査報告：O15008』，2016年．
［3］　http://www.j-shis.bosai.go.jp/map/
［4］　International Organization for Standardization : "Safety aspects — Guidelines for their inclusion in standards," ISO/IEC GUIDE 51 : 2014, 2014.
［5］　International Organization for Standardization : "Risk management – Principles and guidelines," ISO 31000 : 2009, 2009.
［6］　Kaplan & Garrick : "On The Quantitative Definition of Risk," *Risk Analysis*, Vol.1, No.1, 1981, pp.11-27.
［7］　International Atomic Energy Agency : "A Framework for an Integrated Risk Informed Decision Making Process," INSAG-25, 2011.
［8］　NASA/SP-2010-576, "NASA Risk-Informed Decision Making Handbook", Version 1.0, April 2010.
［9］　日本学術会議総合工学委員会 工学システムに関する安全・安全・リスク検討分科会：『報告 工学システムに対する社会の安全目標』，2014年．
［10］　糸井達哉，村上健太，大貫晃：「リスク情報の活用と継続的安全性向上にかかわる原子力安全部会の最近の活動」，『日本原子力学会誌』，Vol.59，No.2，2017年，pp.34-38.
［11］　高田毅士：「想定すべき外力とは？」，『建築雑誌』，2017年2月号．
［12］　木下富雄：「リスク学から見た福島原発事故」，『日本原子力学会誌』，Vol.53，No.7，2011年7月．
［13］　亀田弘行，高田毅士，蛯澤勝三，中村晋：「原子力災害の再発を防ぐ（その3）地震工学分野から原子力安全への提言」，『日本原子力学会誌』，Vol.54，No.9，2012年．
［14］　M.Bruneau, et al. : "A Framework to Quantitatively Assess and Enhance the Seismic Resilience of Communities," *Earthquake Spectra*, Vol.19, No.4, 2003, pp.733-752.
［15］　日本学術会議 総合工学委員会 巨大複雑系社会経済システムの創成力を考える分科会：『提言 巨大複雑系社会経済システムの創成力強化に向けて』，2008年．
［16］　糸井達哉，中村秀夫，中西宣博：「多様な誘因事象に対する原子力安全の確保

(その 2)外的事象対策の原則と具体化」,『日本原子力学会誌』, Vol.58, No.5, 2016 年, pp.318-323.
[17] 飯田祐樹, 糸井達哉, 関村直人:「炉心損傷事故への対処のための施設・設備機器の耐震裕度設定手法の提案」,『日本原子力学会 2016 年秋の大会』, No.1F07, 2017 年.
[18] 内閣府:『平成 26 年度版防災白書』.
[19] C.S.Renschler, A.E.Frazier, L.A.Arendt, G.P.Cimellaro, A.M.Reinhorn, M.Bru-neau : "A Framework for Defining and Measuring Resilience at the Community Scale : The PEOPLES Resilience Framework," MCEER-10-0006, 2010.
[20] 塩崎由人, 加藤孝明, 菅田 寛:「自然災害に対する都市システムのレジリエンスに関する概念整理」,『土木学会論文集 D3(土木計画学)』, Vol.71, No.3, 2015 年, pp.127-140.
[21] R.J.T.Klein, R.J.Nicholls, F.Thomalla : "Resilience to natural hazards : How useful is this concept?" *Environmental Hazards*, Vol.5, No.1, 2003, pp.35-45.
[22] G.P.Cimellaro, C.Renschler, A.M.Reinhorn, L.Arendt : "PEOPLES : A Framework for Evaluating Resilience," *Journal of Structural Engineering*, Vol.142, No.10 : 04016063, 2016.
[23] M.Aoki, T.Itoi, N.Sekimura : "Resilience-Based Framework of Engineered Systems for Continuous Safety Improvement," *International Conference on Structural Safety and Reliability*, 2017.

第3章

重要社会インフラのレジリエンス

　本章では，われわれの住む都市が災害に対してどの程度のレジリエンスを有しているかを評価する方法について，筆者らが行ってきた研究を例に紹介する．

　特に先進国の大都市では，さまざまな人間の活動がライフラインをはじめとする重要社会インフラの機能に大きく依存している．そのような依存性は複雑に，また相互に関係しあっているため，災害によってライフラインなどに生じる物理的被害の影響はわれわれが想像する以上に深刻かつ広範囲に広がる可能性がある．

　このような複合的な相互依存性の影響は，被害拡大の局面において現れるだけではなく，災害被害からの復旧の段階においても想像する以上のさまざまな問題や制約を引き起こし復旧の進展を妨げる可能性がある．そのため，都市の災害に対するレジリエンスを高めるためには，このような複雑な相互依存性をできるだけ網羅的に把握し，その影響を可能な限り予測，評価しておくことは重要である．

3.1　システムとレジリエンス

　レジリエンス工学で扱うレジリエンスとはシステムの性質である．システムとは，要素とそれらの関係性から認識される総体のことであり，対象とするシステム，すなわち，何を総体と見なすか，どのような要素，要素間の関係性を扱うかは任意であり，見方・認識に依存する．このような現象学的なシステム観に立つと，レジリエンスというシステムの性質を議論するためには，まず，対象とするシステムをできる限り明確に認識，定義することが重要である．なぜならば，対象とする総体（システム）が異なれば，それらには，レジリエンスも含めて，異なる性質が宿り得るし，対象とする総体（シ

ステム)が同じであっても考慮する要素とそれらの間にある関係性が異なれば，そこから見出されるシステムの性質もおのずと異なってくる可能性があるからである．

　一方，レジリエンスとはシステムの性質のうち，特に，システム内外の何らかの変化に対してシステムの状態を維持する(ように見える)，あるいは元の状態に戻る(ように見える)現象・挙動をさす．またそこから派生して，そのような現象・挙動を生み出すシステムの能力を表す言葉としても用いられる．

　言い換えると，前者(現象・挙動)は結果としてのレジリエンスに相当し，後者(能力)は原因としてのレジリエンスに相当する．ある1つのシステムにおいて観察される現象・挙動には，システムのどの状態，どのパラメータに着目するかによってさまざまなものがあり得る．すなわち，レジリエンス現象・挙動は対象システムの何に注目するかによってさまざまなものが観察され，唯一に定まるものではない．

　以上を踏まえると，レジリエンス工学において何らかのシステムのレジリエンスについて議論する場合，①対象とするシステムの定義をできるだけ明確にしたうえで，②扱おうとしている具体的なレジリエンス現象・挙動は何なのか，また，③それを生み出すシステムの仕組み，機能は何か，さらに，④その現象・挙動の引き金となるシステム内外の変化としてどのようなものを考慮，想定するのか，の4点についてそれぞれ区別して整理しておくと見通しがよい．

3.2　人間中心の都市のモデリング

　都市はさまざまな要素を含む大規模複雑システムである．そのため，都市の全容をできるかぎり包括的かつ詳細に捉えるためには，どのような視点から都市を捉えるか方針を定めることが重要である．都市とは，一般的に人々のさまざまな活動が繰り広げられる場であり，そこに住み，活動する人々が主役である．また，災害や危機対応という観点においては，人々の生命や財産，生活を守ることが最重要課題といえる．

3.2 人間中心の都市のモデリング

ゆえに，都市の脆弱性や災害リスク，災害レジリエンスを議論することを目的に，都市（システム）を捉えるためには，人々の生活やさまざまな活動の観点をシステムの重要な要素の1つとして積極的に考慮することが必要である．このようなモデリング視点，方針を，人間中心のシステムモデリングと呼ぶ．

一方，これまで数多くなされてきた重要インフラに関する相互依存性解析（例えば参考文献[1]）に関する研究など，災害に対する都市の脆弱性や災害リスクを議論する場合は，電気や水道といったライフラインを含む重要インフラを対象に技術システムに焦点を当てることが多かった（技術中心のモデリング）．あるいは，人々の生活や活動が考慮される場合も，例えば，電気が止まるとテレビが見られなくなるとか，湯沸かし器の制御コンソールなどが電気を使っているので水があってもお風呂が沸かせなくなるといった，重要インフラ被害によって影響を受ける被影響要素としてのみ考慮されることが多く，人々の活動が都市システムに影響を及ぼす側面が考慮されることはあまりなかった．

人間中心のシステムモデリングによって人々の生活や活動を積極的に考慮するということは，都市システムを構成する，例えばインフラ技術システムといった，その他の要素との関係性を因果双方の観点から把握，整理することを意味する．また，言い換えると，都市を構成する重要要素である技術システムとしてのインフラと人々の活動との双方のかかわりに焦点をあて，都市全体を社会技術システムとして捉えることである．

以上を踏まえて，筆者らが行った研究（災害復旧過程の計算機シミュレーションによる都市のレジリエンス評価に関する研究[2]）では，①生活，②製造・サービス活動，③ライフラインの3つの観点から都市を捉えるモデリングフレームワークを提案した（図3.1）．生活と製造・サービス活動が人の活動に関する要素に相当し，ライフラインシステムが技術システムに相当する社会技術システムモデルといえる．生活は，衣食住などに関するわれわれ市民の日々の生活に関する活動を記述する．製造・サービスは，製造やサービス，物流や取引といった企業活動を記述する．ライフライン要素は電気や水道，ガス，道路，通信といったライフライン機能を提供する技術システムを

第3章 重要社会インフラのレジリエンス

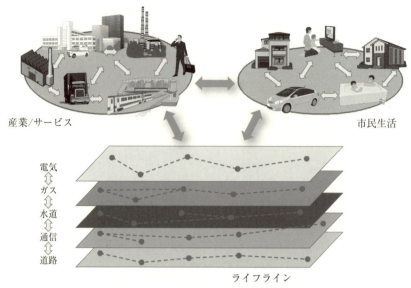

図 3.1　人間中心の都市のモデリングフレームワーク

記述する．

　人間中心の都市モデリングの枠組みの利点には，3つの各要素は特に説明を必要としない一般的な観点であり，また分け方も不自然ではないこと，また各要素に関してはそれぞれさまざまな研究がなされおり，それを記述するモデルが充実していること，そして，これらの3要素の関係性に着目することによって都市の背後にあるさまざまな複雑な因果関係(依存性)を整理できること，があげられる．1番目と2番目の利点は，後述する計算機シミュレーション開発においてシミュレーションモデルを構築する際に一貫性が保ちやすく都合がよい．また，3番目の利点は都市の背後にある複合的な相互依存性を包括的，統一的に整理する際に非常に役に立つ．この点について次節で説明する．

3.3 人間中心の都市モデルにもとづく相互依存性の分類

　重要インフラの相互依存性に関する研究はこれまでに国内外で盛んに行われてきた．インフラの相互依存性とは，電気，ガス，水道，道路，通信といった個別のインフラシステムが物理的，機能的に相互に連結しており，全体として複雑で大規模なネットワークを形成していることを指す．相互依存性や連結性にはさまざまな形態が存在し，例えば，リナルディ(Rinaldi)らは次のような分類を示している[3]．

① **物質的相互依存性**(physical interdependency)

　　2つのインフラシステム間の物理的，物質的な入力－出力関係に起因する相互依存性．電気が水道供給施設の駆動に必要である一方，発電・配電施設において水がさまざまな機器の冷却や洗浄，従業員の飲料などに必要であるような場合をさす．

② **情報相互依存性**(cyber interdependency)

　　2つのインフラシステム間の情報の入力－出力関係に起因する相互依存性．インフラシステムの運用制御は通常，情報システムによって管理されているため，情報システムや情報インフラを介して提供される情報・データに依存している．また異なるインフラシステムが情報インフラを介して必要な情報を相互に参照しあうことによって生じる依存性をさす．

③ **地理的相互依存性**(geographical interdependency)

　　地理的に近接しているために生じる異なるインフラシステム間の相互干渉．例えば，橋を情報インフラが通っている場合は，橋の崩落によって情報通信も同時に被害を受ける．

④ **論理的相互依存性**(logical interdependency)

　　上記以外の機構によって生じる依存性．例えば，ガソリン価格が下がると，帰省に車を使う人が増えて高速道路がさらに大渋滞するといった現象の背後にある依存性．この場合，石油インフラと道路インフラに何らかの物理的プロセスが生じるわけではなく，むしろ人の意思

決定と行動を介して生じる依存性である．

　このような既存の相互依存性の分類はインフラの技術的側面に焦点を当てた技術中心のモデリングが前提にある．この場合，システムの要素が各インフラの技術・機能的要素であるため，さまざまな形態をもち得る依存性は異なるインフラ間に存在する依存性として縮約される．そのため，例えば，論理的相互依存性にみられるように実際にはその依存性の背後には人の意思決定や行動を介した複数の因果プロセスがあるにもかかわらず，それらを明に記述，説明できない．

　一方，図 3.1 に示した人間中心のモデリングフレームワークにもとづいて各要素の関係性の観点から依存関係を整理すると表 3.1 に示す 9 種類に分類できる．それぞれの依存性の主な内容について以下に説明する．

1) **異なる生活行動・主体間の依存性**

　例えば，料理をするためには材料を買いに行く必要があるように異なる生活行動間の目的－手段関係に起因する依存性がある．また，異なる生活行動や行動主体が同じリソース（資材）を消費する場合に生じるリソース競合関係も依存性の一形態といえる．

2) **生活の製造・サービスへの依存性**

　生活はさまざまな企業から提供される製品やサービスを利用して成り立っているため，製造・サービスからのこれらの製品やサービスの供給に依存している．

表 3.1　提案モデルにもとづく依存関係の分類

	生活	製造・サービス	ライフライン
生活	①異なる生活行動間の依存関係	②生活製造・サービスへの依存関係	③生活のライフラインへの依存関係
製造・サービス	④製造・サービスの生活への依存関係	⑤異なる製造・サービス間の依存関係	⑥製造・サービスのライフラインへの依存関係
ライフライン	⑦ライフラインの生活への依存関係	⑧ライフラインの製造・サービスへの依存関係	⑨異なるライフライン間の依存関係

3) **生活のライフラインへの依存性**

　生活はライフラインから提供されるリソース(水や電気, ガス)や機能(道路, 情報通信など)を利用してため, ライフラインからの供給に対する依存性がある.

4) **製造・サービスの生活への依存性**

　製品やサービスの供給は需要とのバランスによって成り立っているため, 製造・サービスは生活(顧客)の需要に対する依存性がある. また, 企業で働く労働者は一般の人々であり, 生活から製造・サービスへ供給されるものと捉えることができる. ゆえに製造・サービスは生活からの労働力の供給に依存している.

5) **異なる製造・サービス間の依存性**

　異なる企業間には取引関係に起因する需要と供給の依存性がある. 製品やサービスの生産には複数の企業がかかわる大規模なサプライチェーンが形成されることもある.

6) **製造・サービスのライフラインへの依存性**

　製品やサービスの生産にはライフラインから提供されるリソース(水, 電気, ガス)や機能(道路, 通信など)が必要となる. よって製造・サービスにはライフラインからの供給に依存している.

7) **ライフラインの生活への依存性**

　ライフラインからのリソースや機能の供給は利用者の需要とのバランスによって成り立っている. 生活(市民)はライフラインの利用者であるためライフラインは生活(市民)の需要に対する依存性がある. また製造・サービスと同様にライフラインは生活からの労働力供給に依存している.

8) **ライフラインの製造・サービスへの依存性**

　製造・サービス(企業)はライフラインの利用者であるため, ライフラインは製造・サービス(企業)の需要に対する依存性がある. また, ライフラインの稼働には他の企業から供給される製品やサービスも必要である. ゆえに, ライフラインは製造・サービスの供給に依存している. また, 被災したライフラインは修復を行う企業によって復旧さ

れるため，その意味においても製造・サービスの供給に依存している．

9) **異なるライフライン間の依存性**
多くのライフラインは他のライフラインから供給されるリソースや機能を必要とする．ゆえに，異なるライフライン間にはそれらの需給関係（依存性）がある．

図 3.1(p.50)に示した人間中心の都市モデリングフレームワークにもとづいて各要素間の依存関係を再整理することの利点は，①市民や企業，ライフライン施設といった主体間の物やサービス，情報の入出力関係や需給関係で依存関係の大部分を説明できること，②要素のクロス表で相互関係を整理することで，各要素の他要素に対する因果双方の影響を整理できることがあげられる．

3.4 災害復旧シミュレーションによるレジリエンス評価

本節では，筆者らが行った，都市の災害復旧過程の計算機シミュレーションにもとづく災害レジリエンス評価に関する研究の詳細について紹介する．この研究では，計算機上に前述の人間中心のモデリングフレームワークにもとづいた生活，製造・サービス，ライフラインのすべての要素とそれらの関係性を考慮した都市モデルを構築し，地震災害を想定した物理的被害をライフラインに生じさせたのちに，各ライフラインに生じた被害を相互依存性によって生じるさまざまな制約下のもとで修復していく過程をシミュレーションする．この修復過程の様を都市のレジリエンス挙動とみなし，生活，製造・サービス，ライフラインの各要素に関する複数のパラメータが修復過程において回復していく挙動からレジリエンスを定量評価する．

都市をシミュレーションモデルに実装する際に，生活や製造・サービスの主体となる市民や企業をエージェントベースモデルで実装し，電気や水道，道路などのライフラインネットワークをネットワークモデルで実装した．次のその詳細について説明する．

3.4 災害復旧シミュレーションによるレジリエンス評価

3.4.1 エージェントモデル

市民，製品やサービスの生成を行う企業，ライフラインを修復する企業，ライフライン施設をエージェントとして実装した．エージェントモデルは入力 – 処理 – 出力（Input-Process-Output：IPO）からなる基本機構を持つ．各エージェントの概念図を図 3.2，図 3.3 に示す．

(1) 市民エージェント

市民エージェントは，企業から供給される製品・サービスとライフラインから提供されるリソース（電気，水，ガスなど）を用いてさまざまな生活行動を行う．生活行動には，「テレビ・ラジオの視聴」，「料理」，「洗濯」，「トイ

図 3.2　市民エージェント

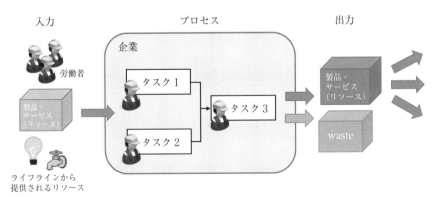

図 3.3　企業エージェント

レの利用」などの基本行動とさまざまな製品・サービスの利用行動が含まれる．生活基本行動や製品・サービス利用行動が行われると，生活の満足度・充足度，すなわち，生活の質（Quality of Life：QOL）が上がり，何らかの理由で行動が実行できない場合は生活の質が下がる．

どの行動がQOLに大きな影響を与えるかについてはパラメータ化されており，エージェントごとに設定することが可能で，さまざまな個人差を表現することができる．また，生活行動の種類によっては，行動後に廃棄物が生成される．さらに，生活の質が一定以上保たれている市民エージェントは企業やライフライン，被害修復において労働力として機能できる．

(2) 企業エージェント

製品やサービスを生成する企業とライフライン施設は同じ仕組みで実装されている．これらの企業エージェントは，ライフラインから提供されるリソースや他の企業からの製品・サービスを用いて，その企業の製品やサービスの生成を行う．また同時に廃棄物も生成される．生成の過程では労働力もリソースとして必要となる（図3.3，p.55）．

必要なリソースの種類と量，生成される製品・サービスの量，及び生成にかかる時間の関係を記述する生産関数を定義することで，さまざまな生産形態をもつ企業を表現することができるだけでなく，リソースや労働不足による生産低下，停止といった状況を模擬することができる．

(3) 修復エージェント

ライフライン被害を修復するエージェントは，被災箇所へ移動し被害修復を行う．被害修復のためには資機材と労働力が必要となり，これらの変数の関数として修復量が定義される（図3.4）．各修復エージェントの修復計画（どの被害箇所をどの順番で修復するか）が災害復旧の効率を左右するが，道路啓開状況によっては到達できない被害箇所があったり労働者の参集率やリソース不足があったりするなどといったさまざまな制約が生じる．

後述するシミュレーションでは，遺伝的アルゴリズムを用いて修復計画を最適化し，最適化修復計画の下での復旧過程を観察することで都市のレジリ

3.4 災害復旧シミュレーションによるレジリエンス評価

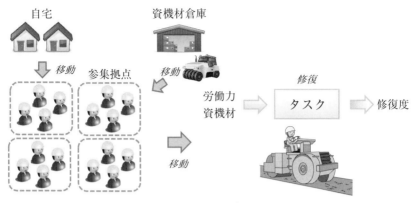

図 3.4　修復エージェント

エンス評価を行った．

(4) 社会構造のモデリングと相互依存性

エージェントの間には，例えば，どの市民エージェントがどの企業の従業員であるか，どの仕事を担当するかといった，社会的な関係性がある．エージェントモデルは個別のエージェントが定義されるだけで，このような社会的関係性も考慮しなければ都市のモデルは作成できない．一方，これらの関係性にはさまざまなものがあり得るため，何らかの指針がないと整理することが難しい．

本研究では主要な社会構造を捉える枠組みとして PCANS モデル[4]を参照した．PCANS モデルはもともと組織構造を捉えるために提案されたモデルであるが，社会構造の整理にも適用可能である．PCANS モデルは人（エージェント），仕事（タスク），リソースの 3 要素とそれらの関係性から組織・社会構造を規定する．PCANS とはこれら 3 要素の組合せで定義できる 9 つの関係性のうち特に重要な以下の 5 つの関係性の頭文字を表している．

① **Precedence（タスク間の関係性）**：タスク実行の順番を表す．異なる企業間のタスク関係に拡張すると取引関係やサプライチェーンを表すこともできる．

② **Commitment（タスクとリソースの関係性）**：タスク実行に必要なリソ

ースやその量を表す．
③ Assignment（エージェントとタスクの関係性）：誰がどのタスクを行うか，担当タスクを表す．
④ Network（エージェント間の関係性）：企業や家族，組織などへの帰属を表す．
⑤ Skill（エージェントとリソースの関係性）：もともとは，タスク実行の際にそのエージェントが利用可能なリソースの種類や量を表すが，そこからエージェントの能力を表す．労働力としてどれだけタスクに貢献できるかを表す．

PCANS モデルの関係性にもとづいて社会構造を整理することで，複雑な社会構造をモデル化する際に考慮すべきエージェントのパラメータの定義や，パラメータ間の関係性の定義が一貫性をもって効率よく行うことができる．また，PCANS モデルのエージェント，タスク，リソースの3要素に地理的要素を考慮することによって，空間的に拡がりをもつ都市の社会構造をより見通しよく整理することも可能になる．表 3.2 にこの拡張 PCANS モデルの概要を示す．

PCANS の関係性を記述することによって同時に，都市の背後にある相互依存性の一部を捉えることができる．例えば，リソースの供給依存性の本質は Commitment によって記述できるし，労働力の供給依存性は Commitment と Assignment（タスク担当者）によって記述することができる．また，取引

表 3.2 拡張 PCANS モデル

	エージェント	タスク	リソース	地理情報
エージェント	所属・人間関係 (Network)	担当作業 (Assignment)	能力 (Skill)	所在地
タスク		タスクの実施順番・取引関係 (Precedence)	必要なリソース (Commitment)	作業場所
リソース				保管場所
地理情報				—

関係に起因するリソースの需給関係は Precedence によって記述することができる．

3.4.2 ネットワークモデル

ライフラインシステムを構成する変電所や配水池，電話の交換局といった施設と送配電線や配水管，電話回線といったライフラインネットワークのうち，前者は既に述べたエージェントモデルで，後者をネットワークモデルで表現，実装した．

ここでは，格子状のネットワークをベースにライフラインネットワークの形状をモデル化し，ノード間の可達性のみを考慮した．すなわち，被害が生じて利用ができなくなったリンクはネットワークモデル上で該当リンクを切断することで表現し，稼働しているライフライン施設から可達性のあるノードに存在するエージェント（市民や企業）はライフライン施設から供給されるリソース（電気，水，ガスなど）やライフライン機能を利用可能できるものと

表 3.3　想定したライフライン施設とネットワーク

ライフライン	施設（エージェント）	ネットワーク
電気	変電所	配電線
都市ガス	ガス製造基地	高・中・低圧導管
プロパンガス	ガス充填所	（道路）
上水道	配水池	配水管・給水管
下水道	下水処理施設	下水道管
廃棄物処理	廃棄物処理施設	（道路）
し尿処理	し尿処理施設	（道路）
道路	—	道路
鉄道	駅	線路
固定電話	交換機	電話回線
携帯電話	基地局	（電話回線）
PC 通信	ISP	（電話回線）

した.

後述するシミュレーションでは，具体的に表3.3(p.59)に示した12種類(7ネットワーク)のライフラインをモデル化，実装した．

3.4.3　都市モデル

エージェントとネットワークで実装した都市モデルのイメージ図を図3.5に示す．格子ネットワークのノード上には市民や企業などのエージェントが配置され，実線のリンクは被害を受けていないライフラインネットワークを，点線は被災したネットワーク箇所を表している．図3.5には1種類のライフラインネットワークしか示されていないが，実際には7種類のネットワークが同様に格子状に張り巡らされている．

この都市モデルでは，都市という社会技術システムの，①社会構造をPCANSモデルでとらえ，②ライフラインの技術システムの構造をネットワークモデルで表現し，③それら2つの異なる構造(ネットワーク)を地理的な空間に接合させることによって都市の背後にある社会技術システムの全体構造がモデル化されているといえる．

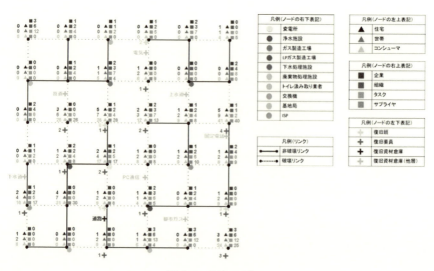

図3.5　都市モデル

3.4.4 シミュレーションによるレジリエンス評価

　シミュレーションでは，被災後に複数のライフラインが同時並行的に修復されていく過程と，市民の生活や企業活動が回復していく過程が模擬される．シミュレーションは次の順に進む．まず，ライフラインネットワークに想定する被害を設定する．具体的には，ライフラインネットワークの該当リンクに被害量を割振る．このとき，異なるライフラインネットワークにおいて被害量の地理的分布が類似したものになるように設定することで，ライフライン間の地理的相互依存性を部分的に考慮することができる．

　次に，修復エージェントの修復計画を遺伝的アルゴリズム（Genetic Algorithm：GA）を用いて最適化する．染色体へのコーディングは参考文献[5]に準ずる方法を採用した．染色体には，7種類すべてのライフラインネットワークと全修復エージェントに対する各修復エージェントの担当修復箇所（リンク）とその修復の順番がコード化されている．最適化には目的関数を定義する必要があるが，ここでどのような観点から目的関数を定義するかによって異なる価値観が反映された修復計画が得られる．

　生成された最適修復計画のもとで生活（生活の質：QOL），製造・サービス（企業の活動率），ライフライン（ライフラインの稼働・利用可能率）のそれぞれの復旧過程をシミュレーションし，時系列の復旧曲線を求める．そこからレジリエンスの三角形を算出し都市全体のレジリエンスを定量化・評価する．

3.4.5 シミュレーション結果例

　シミュレーションで設定できるパラメータは大きく分類すると，①各エージェントの詳細を定義するパラメータ，②PCANSの関係性で記述される社会構造，③技術システムの構造（ライフラインネットワークの形状），及び，④エージェントの地理的分布の4種類である．これらを編集することによって，さまざまな仮想都市を想定したり，現実の都市を近似したりすることができる．

　ここでは，仮想都市モデルを用いたシミュレーション結果例をいくつか紹介する．

(1) レジリエンスの 4Rs に対する感度

さまざまな研究分野においてレジリエンスの概念が再定義されているが，災害工学の分野では，MCEER(Multidisciplinary Center for Earthquake Engineering Research)が，R4 フレームワーク，またはレジリエンスの 4Rs と呼ばれる，R で始まる 4 つの構成概念から災害に対するレジリエンスを定義している[6]．

1) Robustness(頑健性)：
    対象システムやそれを構成する要素が，災害時に重大な欠損や機能損失無く耐える能力．
2) Redundancy(冗長性)：
    対象システムやそれを構成する要素の代替可能性．これらが重大な機能的損失，損害が生じた場合においても，代替によって機能的要求をある程度満たすことができる能力．
3) Resourcefulness(対処能力)：
    問題を特定し，必要な物資や資金，情報的・技術的・人的資源を準備し，解決策を講じるために問題を把握し，優先順位を決定する能力．
4) Rapidity(迅速性)：
    迅速に機能を回復し，損失を最小限にとどめる能力．

これらの能力に対応するモデルパラメータを変化させて，4Rs に対してレジリエンスの三角形で定量化される都市のレジリエンスがどのように変化するかをシミュレーションで確かめてみた．各構成概念とモデルパラメータとの対応を表 3.4 に示す．

図 3.6 にそれぞれの結果を示す．頑健性に関しては横軸が初期被害量であ

表 3.4 4Rs とモデルパラメータの対応

4Rs	モデルパラメータ
頑健性	ライフラインネットワークの初期被害設定量．
冗長性	同じ機能を持つライフライン施設の数
対処能力	GA における最適化の終了世代数
迅速性	修復エージェントの能力

3.4 災害復旧シミュレーションによるレジリエンス評価

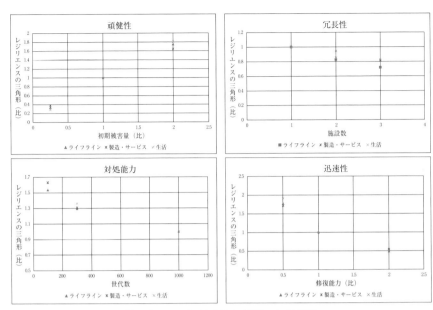

図 3.6 4Rs に対するレジリエンス挙動

るため軸の意味の向きが逆になっている(初期被害量が大きいほど頑健性が小さい)ため右肩上がりになっているが，4Rs の値が大きくなるにつれてレジリエンスが大きくなっている(レジリエンスの三角形の面積が小さくなる)ことがわかった．4Rs は原因としてのレジリエンスであり，レジリエンスの三角形は結果としてのレジリエンスである．4Rs は経験的に導かれたレジリエンス指標だが，結果としてのレジリエンスをよく予測でき，妥当な指標であることがシミュレーション結果から示された．

(2) 異なる目的関数から得られる都市の災害レジリンス

次に，異なる目的関数によって修復計画を最適化した時の都市のレジリエンス(レジリエンスの三角形)の比較を示す．シミュレーションモデルでは生活，製造・サービス，ライフラインのそれぞれのパフォーマンス指標として，市民エージェントの生活の質，企業の稼働率，ライフラインの修復率を選択し，これら3指標を考慮する重みづけによって以下に示す4種類の目的関数を作成した．

第3章 重要社会インフラのレジリエンス

① ライフラインの修復率のみを考慮する目的関数
② 企業の稼働率のみを考慮する目的関数
③ 生活の質のみを考慮する目的関数
④ 3つの指標を均等に考慮する目的関数

これら4つの目的関数のもとで得られた最適修復計画を用いて災害被害を修復した結果得られる生活，製造・サービス，ライフラインの(それぞれの指標)の回復曲線からレジリエンスの三角形の和を算出した．それらの比をプロットしたものを図3.7に示す．

グラフから，都市の構成要素のいずれか1つのみを考慮した場合に得られるレジリンスよりもすべての要素を考慮したうえで得られるレジリエンスが高くなる(レジリエンスの三角形の面積が小さい)ことがわかった．また，ライフラインのみを考慮した場合のレジリエンスが最も低く，製造・サービスや生活といった人間の活動のみを考慮した場合のほうがややレジリエンスが高くなった．

この結果は，都市が複雑な社会技術システムであり，災害被害から効率よ

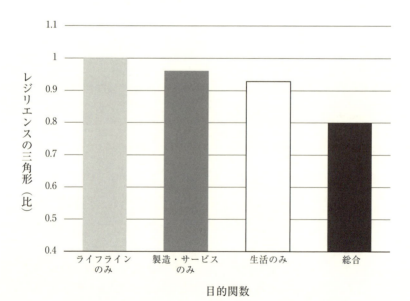

図3.7 異なる目的関数から得られるレジリエンスの比較

く回復するためには，都市の背後にある複雑なシステム構造を十分に理解，考慮する必要があること，特に，企業の活動や市民生活といった人間中心の視点が重要であることを示唆している．

3.5　第3章のまとめ

　本章では，われわれの住む都市が災害に対してどの程度のレジリエンスを有しているかを評価する方法について，筆者らが提案する人間中心の都市のモデリングフレームワークとそれにもとづく計算機シミュレーションによる都市のレジリエンス評価研究を紹介した．

　ライフラインなどの重要インフラの相互依存性の理解や詳細なモデル化は，都市の災害レジリエンスを理解，議論するうえできわめて重要な要素ではあるが，それと同時に企業や市民生活といった人の活動や，人と技術システムの相互作用を積極的に考慮しなければ，大規模複雑な都市の背後にある機構を捉えることは難しく，不十分である．言い換えると，都市の災害レジリエンスを理解，議論するためには，人間中心のアプローチ，あるいは，社会技術システムアプローチが必要である．

第3章の参考文献

［1］　K.Gopalakrishnan, S.Peeta : Sustainable and Resilient Critical *Infrastructure Systems*, Springer, 2010.
［2］　T.Kanno, T.Suzuki, K.Furuta : "Simulation of the Post-Disaster Recovery Process of Urban Socio-technical Systems," *Proc. European Safety and Reliability Conference*, 2015, pp.4233-4438.
［3］　S.M.Rinaldi, J.P.Peerenboom, T.K.Kelly : "Identifying, Understanding, and Analyzing Critical Infrastructure Interdependencies," *IEEE Control Systems Magazine*, Vol.21, No.6, 2001, pp.11-25.
［4］　D.Krackhardt, K.M.Carley : "A PCANS Model of Structure in Organizations," *Proc. 1998 Int. Symp. Command and Control Research and Technology*, 1998, pp.113-119.
［5］　杉本博之，片桐章憲，田村亨，鹿沐麗：「GAによるライフライン系被災ネットワークの復旧プロセス支援に関する研究」，『構造工学論文集』，43A，1997年，pp.517-524.

第3章　重要社会インフラのレジリエンス

[6]　M.Bruneau, et al. : "A Framework to Quantitatively Assess and Enhance the Seismic Resilience of Communities," *Earthquake Spectra*, Vol.19, No.4, 2003, pp.733-752.

第4章

エネルギーシステム

　レジリエントなエネルギーシステムとは，国際紛争，自然災害，テロ攻撃などによるエネルギー安全保障上の外乱に対応できるとともに，長期の世界経済環境の変化や地球温暖化による気候変動問題などにも対応できるエネルギーシステムである．そのようなシステムの実現のためには，エネルギー技術に関係する工学的観点からのみならず，経済学などの社会科学も含む広範な観点からの対策を総合して検討する必要がある．

　本章ではエネルギーシステムにおける具体的なレジリエンス向上施策や理論的な考え方について述べ，その後にコンピュータ上に構築されたエネルギーモデルを用いたシステム工学的な研究事例を紹介する．

4.1　エネルギーシステムのレジリエンス向上施策

4.1.1　エネルギーシステムの外乱要因と主な対策

　エネルギーシステムは，空間的にも時間的にもさまざまなスケールの外乱に曝されている．ここでは3つの主な外乱要因について概説する．

(1)　資源の供給途絶

　日本の場合，エネルギーの供給安定性を脅かす最大の外乱要因は，海外での不測の事態によるエネルギー資源の供給途絶である．1970年代に経験した2度の石油危機で明らかとなったように，エネルギー資源の安定供給が揺らぐと，一国の経済ならびに社会に深刻な悪影響が及ぶ可能性があるからである．

　自国へのエネルギー資源の安定供給を確保し，エネルギーの供給途絶などに伴う経済や社会への悪影響を防止すること，すなわちエネルギーセキュリティ(energy security)を確保することは，国防と並び最も重要な政策課題の

1つといえる．エネルギーセキュリティの評価指標としては，主に一次エネルギー資源の調達における「国内自給率」，「輸入先の政治的安定性と残存資源量」，「輸入先の分散の程度」，「貿易契約の形態」，「海上輸送ルートの安全性」，「国内備蓄量」などがあげられる．しかし，国内自給率，石油の中東依存度，国内備蓄量などを除いては，定量的評価は難しいといえる．

日本は，化石燃料のほぼ全量を海外から輸入しており，原子力発電所の稼働がほとんど停止した2012年には自給率は6％程度にまで低下した．安定供給確保のためには，技術的な対策のみならず，国際政治的な対策が重要である．排他的経済水域を接する国々との友好関係の維持は特に重要と思われる．

(2) 気候変動問題

エネルギー利用に関連する地球規模の長期的な外乱要因として，CO_2を中心とする温室効果ガスの増加に起因すると考えられる気候変動問題がある．この問題は，1988年のトロントでの第14回先進国首脳会議から国際政治の場で注目を集め始め，その後の気候変動に関する国際連合枠組条約の採択を経て，現在では人類共通の深刻な脅威として広く認識されるに至っている．

前述の枠組条約の第21回締約国会議で採択されたいわゆるパリ協定が2016年に発効した．その協定では，産業革命以前からの世界の平均気温上昇幅を「2度未満」に抑え，さらには「1.5度未満」をめざすとされている．現状では罰則を伴う排出削減義務は課されていないが，日本政府の計画では，長期的目標として2050年までに80％の温室効果ガスの排出削減をめざすとされている．ただし，人為的な地球温暖化の程度やその悪影響については科学的にも不確実性が大きいことには注意が必要である．

エネルギーシステムからのCO_2排出量を削減するための方策は，「省エネルギーの推進」，「非化石燃料への燃料転換」，「CO_2回収処分」の三種に分類される．さまざまな技術的な方策が提案されているが，特効薬的な方策は見出されていない．

(3) 大きな自然災害

地震などによる自然災害もエネルギーシステムへの大きな外乱要因となる．2011年3月の東日本大震災では，東京電力福島第一原子力発電所の過酷事故を含め，電力システムにさまざまな問題が発生し，関東地方を中心に広域的な電力の供給障害が起き，首都圏での計画停電も実施された．また電力のみならず，都市ガスや石油製品の供給にも，関東地方，東北地方の太平洋沿岸などを中心に，少なからず供給障害が発生し，産業や運輸も含めさまざまな社会経済活動に悪影響を及ぼした．

自然災害に対してレジリエンスを高める方策としては，発電所や製油所などのエネルギー変換設備，送電線やパイプラインなどのエネルギー輸送設備の堅牢性，冗長性を高めること，被害の集中を避けるために施設を地理的に分散配置すること，非被災地からの支援も含めた人的・物的資源の広域運用を行うこと，燃料等の域内・施設内備蓄を確保することなどがある．ただし，このような方策を実施するには追加的な費用が伴うため，採用する方策の取捨選択が必要となる．

4.1.2 エネルギー種別の特徴と課題など

ここでは，前述の3つの外乱要因に関連させて，各種エネルギーの特徴や課題などをまとめる．

(1) 石油

日本では，1973年の第一次石油危機の後，エネルギーシステムの脱石油化が急速に進められた．一次エネルギーの国内供給に占める石油の割合は，1973年には75%を超えていたが，2014年には42%までに低下している．この石油危機は，世界各国でも問題となり，アメリカの主導の下で，経済協力開発機構(Organization for Economic Co-operation and Development：OECD)に，国際エネルギー機関(International Energy Agency：IEA)が石油危機回避を目的に1974年に設立され，石油の国際的な緊急融通や戦略的備蓄などの制度が整備された．

日本の石油備蓄は，民間備蓄と国家備蓄があり，両者を合わせると約半年

分の消費量に相当する石油が蓄えられている．石油は高価な化石燃料であるため将来的には消費量の減少が予想されるが，常温常圧で液体であることから，天然ガスや石炭と比べると，安価に大量の貯蔵が可能である．

(2) 原子力

原子力発電の核燃料は海外から輸入されているものの，エネルギー密度が高く輸入後の備蓄が容易であること，使用済燃料を再処理することで一部を燃料として再利用できることなどから，「準国産エネルギー」と位置づけられ，原子力の利用は国内自給率の向上に資すると考えられている．また，ベース負荷電源として経済性にも比較的優れ，発電時にはCO_2を排出しない非化石エネルギーでもある．

ただし，チェルノブイリ原子力発電所や福島第一原子力発電所の事故後にも見られたように，放射性物質の環境放出を伴う過酷事故が起きた際の社会不安はきわめて大きく，原子力発電の利用には慎重さが要求される．世界的には，原子力発電から撤退する国もあれば，新規導入・拡大路線の国もある．

(3) 石炭

経済性と供給安定性を考慮すると，原子力発電を代替する発電方式として最も適しているのは石炭火力である．しかし，単位発電量あたりのCO_2排出量は，最新の高効率石炭利用技術を用いても，天然ガス火力ほどには低減できない．CO_2だけでなく，硫黄酸化物などの大気汚染物質の排出量も多い．気候変動問題に対する厳しい対策を考慮すると，石炭の利用拡大は困難な状況にある．

(4) 天然ガス

単位発熱量あたりのCO_2の排出量は石炭の6割程度と少なく，天然ガスは環境性では比較的優れている．しかし，アメリカからのシェールガスの輸入もある程度は期待されるが，将来的には石油と同様に中東依存度が高まっていくことが懸念される．

天然ガスの貯蔵は，石油や石炭などと比較して，気体燃料であることから物理的にも経済的にもそれほど簡単ではない．国内のLNGタンク容量の総和は，現状では国内1カ月分の消費量程度と推計され，数週間のLNGの供給途絶が起きれば，日本の電力と都市ガスの供給は危機的状況に陥る恐れがある．対策としては，輸入先の多様化に加え，廃ガス田などの利用により天然ガスの備蓄量を大幅に増やすことなどが考えられる．

なお，都市ガスの高圧・中圧ガス導管は，阪神・淡路大震災，東日本大震災クラスの大地震にも十分耐えられる構造となっており，供給信頼度は比較的高い．

(5) 再生可能エネルギー

再生可能エネルギーは国産の非化石エネルギーであり，それらの活用は一般にエネルギーシステムのレジリエンスの向上に資するといえる．

太陽光や風力の発電単価は現状では高いものの，太陽光に関しては将来的に，太陽電池価格の低廉化が期待される．しかも，太陽光の供給可能量は大きく，例えば日本国土の2%の面積に太陽電池を設置すれば，その発電量の年間累積値は日本の年間電力需要量を越えるものと推定される．風力についても，経済的供給可能量は地域的に北海道，北東北などに偏在しているが，国内の総和は十分に大きいと推測される．太陽光発電と風力発電は分散型発電であり，自然災害時の非常用電源としての活用も期待される．出力が時刻や天気で変動するため，供給可能量は膨大であっても，経済的に安定して利用できる量は限られることから，これらの電源のみに依存することは困難と考えられる．

日本の森林には，国全体のエネルギー消費量の2年分に相当するバイオマスエネルギーが木材として蓄積されている．木々の成長年数として40年を想定すると，持続可能な利用可能量は国全体のエネルギー消費量の約5%に留まる．日本で発生する可燃性の廃棄物(廃木材，古紙など)の全発熱量は，国全体のエネルギー消費量の3%程度と推計される．また，地熱発電や海洋発電については，その詳細は省略するが，これらの資源を広範に活用したとしても，それぞれの貢献度は最大でも現在の水力発電(日本のエネルギー供

給量の約 5%) 程度と考えられる.

4.1.3 レジリエンス向上施策の費用と便益
(1) 費用と便益の定式化

　エネルギーシステムのレジリエンスを高めるには，紛争，災害，事故などのさまざまな外乱に備えた対策をあらかじめ立てておけばよいが，例えば非常用発電設備や燃料備蓄の準備など，その対策の実施には一般には少なからずの費用がかかる．そのため，対策を講じることによる「便益」と，対策のための「費用」の両者を総合的に評価することが必要である．

　対策費用は安価な対策から実施されるとすると，外乱の発生時におけるエネルギーの供給保障量を多くすれば多くするほど，費用は益々増加する．その一方で，対策によって得られる便益は，重要性の高い需要用途から順にエネルギーを供給すると考えると，供給保障量が増えるに従い，重要性が低い需要用途にもエネルギーが供給され，単位エネルギーあたりの便益は次第に低下していく．

　図 4.1 には，エネルギーの供給保障量と対策の費用便益の関係を示す．供給策 i の長方形は，高さが単位エネルギーあたりの対策費用であり，横幅がその供給策によって保障されるエネルギー供給量である．安価な順に左から並べられている．一方，図 4.1 中央の対策便益の図で，需要用途 j の長方形は，高さが単位エネルギーあたりの金銭換算された対策便益であり，横幅がその用途でのエネルギー消費量である．金銭換算された便益が高価な順に左から並べられている．長方形の面積がそれぞれ対策費用や便益の大きなとな

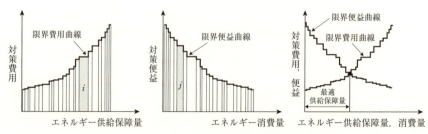

図 4.1　エネルギーの供給保障量と対策の費用便益

る．並べた長方形の上方の輪郭線(太線)は，それぞれ限界費用曲線，限界便益曲線と呼ばれる．なお，社会における供給策や需要用途を個々の設備や消費者別に細分化し，長方形の横幅を短くすると，これらの階段状の曲線は滑らかな曲線に近づく．限界費用曲線を積分したものが対策費用の総額となり，限界便益費用曲線を積分したものが対策による便益の総額となる．

(2) 対策の最適化

図 4.1 太線で示した 2 つの曲線を図 4.1 右端に並べて示す．限界費用曲線は右上がりとなる一方で，限界便益曲線は右下がりとなる．両曲線の交点の横軸の値が，エネルギーの供給保障量の最適値となり，縦軸の値が単位エネルギーあたりの費用と便益の均衡値となる．

数学的には，限界費用曲線を $c(v)$，限界便益曲線を $b(v)$ とすると，供給保障量 q に関して以下の式(4.1)の目的関数(費用から便益を引いた正味費用) J を最小化する問題に帰着できる．

$$J = \int_0^q c(v)dv - \int_0^q b(v)dv \rightarrow \min \tag{4.1}$$

上記の最適化問題の解は，最適性の必要条件として以下の式(4.2)を満たし，最適解は両曲線の交点となることがわかる．

$$\frac{\partial J}{\partial q} = c(q) - b(q) = 0 \tag{4.2}$$

(3) 供給保障便益の推計

供給保障の便益は，エネルギーの供給不足を回避したり抑制したりすることで得られ，供給不足による経済的な損害額が計測できれば，逆にそれから求められる．しかし，燃料不足や停電による損害額は，個々の消費者の個別のエネルギー使用状況に大きく依存するため，一般化した議論は難しいのが実情である．ただし，家庭や企業などの経済主体を特定すれば，アンケート調査などを通して，損害額の推計がある程度は可能である．停電による損害額の推計例では，1,600〜5,200 円/kWh などがある[1]．電気料金が 20〜30 円/kWh であることから，停電による損額は電気代よりも桁違いに高額に見

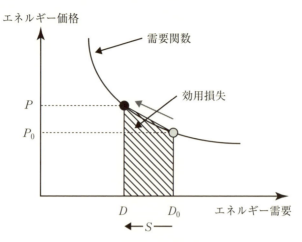

図 4.2 消費者効用の損失

積もられている.

一方,国や地域全体としての損害額は,その国や地域のエネルギー需要の価格弾性値 β,エネルギーの小売価格 P_0,基準エネルギー需要 Q_0 などをパラメータとする需要関数を用いて,以下の方法で推計できる.前述の限界便益曲線として,式(4.3)の需要関数 $P(Q)$ そのものを用いる方法である.需要関数をエネルギー消費量で積分したものは,厚生経済学で消費者効用と呼ばれている.供給不足による強制的な節約量を S とすると,斜線部分の面積に相当する効用が失われたことになり,これを損害額 $C(S)$ とみなす(図4.2).しかし,この方法は平常時のエネルギー価格にもとづいて損害額を推計するため,前述の停電の損害額に関するアンケート調査の結果を考慮すると,エネルギー供給不足の損害額を過小評価する恐れがあることには注意が必要である.

$$P(Q) = P_0 \left(\frac{Q}{Q_0}\right)^{\frac{1}{\beta}} \quad (4.3)$$

4.1.4 不確実性のモデル化

(1) レジリエンス向上施策と不確実性

地震などの外乱の発生は確定的なものではなく,例えば災害時の停電対策

4.1 エネルギーシステムのレジリエンス向上施策

として高価な設備(蓄電池や自家発電設備など)を導入しても，その設備の寿命中に一度もその設備を利用する機会が発生しないかもしれない．不確実な事象を取り扱う枠組みとしては確率という考え方があり，対策で得られる便益は，外乱の発生確率で重みづけされた期待値での評価がより適切である．

ただし，注意すべき点は外乱の種類によっては，具体的な発生確率が厳密には求められないこともあることである．また，外乱の自然科学的な不確実性だけでなく，外乱を受けたエネルギーシステムの復旧過程にも，政府や事業者などによる復旧作業の進め方に起因する不確実性もあることである．自然科学や統計データにもとづく客観的な確率分布だけでなく，多くの場合で，レジリエンスを高めたいと考える責任者(為政者や経営者)が想定している主観的な確率分布も用いらざるを得ないと考えられる．逆に，将来の不確実性に対する人間の主観的な懸念を，確率分布という形で明示的に定量化して，積極的にレジリエンス向上施策の立案プロセスに組み入れるべきとも考えられる．

(2) 確率的状態遷移モデル

災害などからの社会インフラの復旧は，例えば震災であれば余震の影響などがあったりして，やはり確定的には取り扱えない．時間経過に伴って，さまざまな事象が確率的に生起すると言ってもよい．あるいは，ある状態(全域的停電など)から他の状態(部分的停電など)へと次々と確率的に遷移するとも言える．またこれらの事象の発生確率や状態遷移確率は，それまでにどのような事象が起きたかなど，過去の履歴に依存する条件付きの確率のようなものとも考えられる．

このような時間経過を含む確率的な現象は，確率過程と呼ばれる．複数の状態(正常状態，停電状態，燃料途絶状態など)の間の確率的遷移は，以下の数学モデルで表現できる．ここでは，M個の状態間の遷移を考え，時点tで状態mとなる確率を$p_m(t)$とし，$\lambda_{m,m'}$を状態mからm'へ単位時間あたりの遷移率(事故発生率や事故復旧率など)とする．各状態が起きる確率を並べた確率ベクトル$\boldsymbol{p}(t)=(p_1(t), p_2(t), \cdots, p_m(t), \cdots, p_M(t))$とすると，$\boldsymbol{p}(t)$は次の式(4.4)の連立微分方程式に従う．図4.3には微小時間dtの

第4章 エネルギーシステム

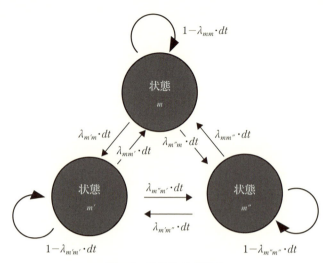

図 4.3　確率的状態遷移

間の状態遷移図と遷移確率を例示する.

$$\frac{d\boldsymbol{p}(t)}{dt} = \boldsymbol{p}(t) \cdot \begin{pmatrix} \lambda_{11} & \lambda_{12} & \cdots & \lambda_{1M} \\ \lambda_{21} & \lambda_{22} & \cdots & \lambda_{2M} \\ \vdots & \vdots & \ddots & \vdots \\ \lambda_{M1} & \lambda_{M2} & \cdots & \lambda_{MM} \end{pmatrix} \tag{4.4}$$

(3) 確率微分方程式

エネルギーシステムに関する不確実性で重要なものに，原油価格などのエネルギー価格の不確実性がある．不規則に変動する価格を表現する数学的方法に確率微分方程式があり，株式などの金融商品の価値評価などを目的に，金融工学の一分野でその応用研究が進められている．財の価格に相当する確率変数 x に関する確率微分方程式の一般的な表現を式(4.5)に示す．

$$dx = a(x, t)dt + b(x, t)dz \tag{4.5}$$

ここで，t は時間であり，z はブラウン運動のように不規則に変化するウィーナー過程である．微小時間 dt におけるウィーナー過程の微小変化 $dz = z(t+dt) - z(t)$ は，平均値が0で標準偏差が $\sqrt{dt}$ の正規分布に従うも

のとする．

4.1.5 確率計画法

エネルギーシステムにおけるレジリエンス向上施策の評価は，不確実性下における費用便益の最適化問題として定式化されることが多い．このような最適化問題の解法としては，一般には確率計画法と呼ばれる数理計画法の一種が利用される．ここでの問題の特徴は，地震などの外乱発生の時点から供給障害が復旧する時点までの或る期間中に起こり得る一連の確率過程をすべて考慮することである．これは，時間軸方向に多段階の構造を有する確率計画問題となる．

多段階の確率計画問題の一般形は以下のように記述できる．式(4.6)の目的関数 J は，割引率 r で現在価値換算された $t=1$ から $t=T$（終端時点）までの T 段階の $g_t(\boldsymbol{x}_t, \boldsymbol{u}_t : \omega_t)$ の総和の期待値である．

$$J(\boldsymbol{x}_1) = E\left[\sum_{\tau=1}^{T} e^{-r \cdot \tau} \cdot g_\tau(\boldsymbol{x}_\tau, \boldsymbol{u}_\tau : \omega_\tau)\right] \to \min \tag{4.6}$$

ただし，$g_t(\boldsymbol{x}_t, \boldsymbol{u}_t : \omega_t)$ は第 t 時点の正味費用，ω_t は第 t 時点での確率的な事象（地震の発生や原油価格など）を表している．$\boldsymbol{x}_1$ は $t=1$ 時点の変数 $\boldsymbol{x}_t$ の初期値である．ここで，$\boldsymbol{x}_t$ は状態変数，$\boldsymbol{u}_t$ は制御変数と呼ばれ，以下の状態方程式に従って時点ごとに推移する．$e^{-r \cdot t}$ は割引率 r での将来価値の割引項で，利子や効用の時間選好の影響を反映する．

$$\boldsymbol{x}_{t+1} = \boldsymbol{f}_t(\boldsymbol{x}_t, \boldsymbol{u}_t : \omega_t) \tag{4.7}$$

具体的な状態変数 $\boldsymbol{x}_t$ としては，各種のエネルギー貯蔵量（タンク中の燃料や，揚水発電所の貯水量など）がある．この場合，$\boldsymbol{u}_t$ は燃料の積み増し量や取り崩し量などを含むエネルギーシステム各所のエネルギーフロー量となる．気候変動対策などの数十年の長期間にわたるエネルギーシステムを評価する際には，各種のエネルギー変換・貯蔵・輸送設備などの設備容量も状態変数となる．また石油などの枯渇性エネルギー資源の残存埋蔵量，大気中 CO_2 濃度，そして温暖化による気温上昇幅なども状態変数となる．

状態変数 $\boldsymbol{x}_t$ と制御変数 $\boldsymbol{u}_t$ は，一般には式(4.7)の状態方程式だけでなく，

式(4.8)に示す各時点 t で閉じた制約条件(エネルギーの需給バランス式など)も満たす必要がある．

$$h_t(x_t, u_t : \omega_t) \geq 0 \tag{4.8}$$

多段階確率計画問題には大きく分けて2つの解法がある．1つは，生起事象のイベントツリーを明示的に作成し，多段階の確率計画問題を段階のない確定的な通常の数理計画問題に変換して解く方法である．もう1つは確率動的計画法と呼ばれ，T 段階の確率計画問題を T 個の二段階だけの確率計画問題に分解して解く方法である．ここでは詳細な説明は割愛するが，前者は状態変数 x_t の次元が高い場合に，後者は確率事象 ω_t の場合の数が多い場合にそれぞれ有効な方法となる．

4.2 日本のエネルギー安全保障向上施策の評価

4.2.1 日本のエネルギー安全保障問題

福島第一原子力発電所事故や，昨今の不確実性を増す国際情勢は，エネルギー安全保障問題への取組の重要性を再認識させている．

まず，東日本大震災に端を発する原子力発電所の運転停止が，電力供給不足と，火力発電出力増強に伴う輸入燃料費用の増加と電気料金高騰をもたらし，国民経済の負担を増大させた．

また，「アラブの春」に代表される中東地域における地政学的リスクの顕在化が，燃料の安定的かつ合理的価格での持続的な輸入確保の不確実性や燃料供給途絶リスクを増大させた．原油価格はこのような地政学的リスクなどを要因として，これまで乱高下を繰り返している(図4.4)．そして，アジアが牽引する世界のエネルギー消費の増加により，国際的な燃料獲得競争が厳しさを増し，将来の我が国の資源へのアクセスが困難になる可能性をもたらしている．

これらを踏まえれば，燃料価格の変動や，燃料供給途絶などの構造的かつ偶発的な不確実事象を定量的に考慮したうえで，エネルギー安全保障の強化策を客観的に評価できる数理的手法を開発し，より効果的な政策の立案に貢

4.2 日本のエネルギー安全保障向上施策の評価

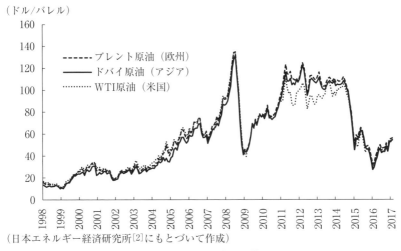

(日本エネルギー経済研究所[2]にもとづいて作成)

図 4.4 原油価格の推移

献することが求められる．

本節では，エネルギー安全保障策の1つとして原油備蓄に着目したエネルギーモデルを構築し，我が国のエネルギー安定供給確保に貢献し得る備蓄の最適運用やそれらがエネルギーシステムコストに与える影響を分析する．原油は災害等の緊急時において，ラスト・リゾートとなるエネルギー安全保障上で最も重要な燃料であるが，その確保は供給途絶や大幅な価格変動に常に直面しており，それらのリスクを考慮に入れたうえでの最適な備蓄量の確保と緊急時の運用が，我が国のエネルギー安全保障を考えるうえで特に重要となる．

さらに本節では，原油備蓄に加え，LNG備蓄も考慮に入れる．東日本大震災以降，原子力発電所の大半が稼働停止にある中，我が国の電力供給の約半分がLNG火力発電電力であり，LNGへの依存度がきわめて高い．しかし，我が国のLNGの備蓄量は，備蓄日数に換算すると数週間程度であり，国家備蓄と民間備蓄を合わせて約207日分(2016年3月末現在)も存在する原油備蓄量に比べきわめて少ない．現在，原発停止で電力の約半分をLNGに依存する状況で，備蓄の少ないLNGの供給途絶が発生したり，LNG価格が高騰して電気料金が上昇すれば，電力安定供給確保がきわめて困難とな

第4章　エネルギーシステム

る．そのため，LNG の供給途絶リスクや価格変動リスクを考慮に入れたうえで，LNG 備蓄の合理的運用戦略を構築することも，将来のエネルギー安全保障上の重要な課題となる．そこで，LNG 備蓄に関しても，一定の想定の下で考慮に入れて分析を行う．

4.2.2　確率動的計画法によるエネルギーモデルの構築

　本節では，日本のエネルギーシステムにおける原油備蓄と LNG 備蓄を対象として，確率動的計画法を利用して，原油・LNG 輸入途絶リスク，原子力稼働停止リスクや原油・LNG 価格変動リスクといった不確実事象を考慮に入れたうえで，それらの備蓄の最適運用戦略を評価する．また，原油・LNG 備蓄の保有が，それらの燃料調達リスクを考慮したうえで，日本のエネルギーシステム総コストに与える影響評価を行う．

　本節のモデルは，数理計画法の一種である確率動的計画法を利用したコスト最小化型モデルである[3]．目的関数は日本全体のエネルギーシステム総コストとした．エネルギーシステム総コストは，エネルギー需要の充足に必要なエネルギー供給コストとエネルギー需要抑制コストの和に相当する．エネルギーシステムは，現実のシステムを簡約し，エネルギー輸入部門（石油，天然ガス，石炭，ウラン），エネルギー転換部門（発電部門，石油精製部門，その他部門），最終エネルギー需要部門（電力需要，非電力需要）から構成される（図4.5）．

　また想定したエネルギーシステムの中で，原油備蓄，LNG 備蓄を想定し，これらの備蓄の積み増し，取り崩しといった備蓄の運用を確率動的計画法での制御変数として想定する．またその中で，確率変数として，原油・LNG 輸入途絶や原子力発電所稼働停止といったエネルギー供給途絶事象，および，原油価格と LNG 価格の変動を考慮する．供給途絶と価格変動といった不確実性事象の下で，日本のエネルギーシステム総コストを最小にする備蓄の運用は，確率変数を含む多時点の意思決定問題となるため，確率動的計画法の利用が適当となる．確率動的計画モデルは式 (4.9) のように定式化される．

4.2 日本のエネルギー安全保障向上施策の評価

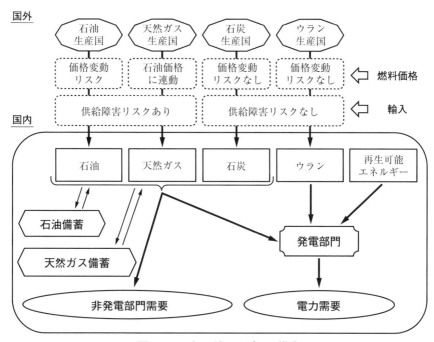

図 4.5 エネルギーモデルの構造

$$
\begin{aligned}
& V_i(\boldsymbol{P}_t,\ s,\ t) \\
& = \min_{\boldsymbol{u}} \Big\{ TC(\boldsymbol{P}_t,\ Av(\boldsymbol{u},\ \boldsymbol{Im}_i),\ F)dt + Stk(\boldsymbol{P}_t,\ \boldsymbol{u},\ s)dt \\
& \quad + e^{-rdt}\sum_j \Pr(i\to j)\cdot E\big[V_j(\boldsymbol{P}_t+d\boldsymbol{P}_t,\ s+ds,\ t+dt)\big]\Big\}
\end{aligned}
\tag{4.9}
$$

i, j：燃料供給，原発稼働状態，t：時点，$V_i(\boldsymbol{P}_t,\ s,\ t)$：燃料価格 $\boldsymbol{P}_t$，燃料備蓄量 s にて，時点 t 以降にかかる将来のコストの割引現在価値，$\boldsymbol{u}$：燃料備蓄の一日あたり変化量，$\boldsymbol{P}_t$：燃料価格，s：燃料備蓄量，$\boldsymbol{Im}_i$：状態 i における，燃料の一日あたり輸入量，$Av(\boldsymbol{u},\ \boldsymbol{Im}_i)$：備蓄運用と輸入による，燃料の一日あたり利用可能量，F：発電設備容量，dt：微小時間（一日間），$Stk(\boldsymbol{P}_t,\ \boldsymbol{u},\ s)$：燃料備蓄の日運用管理費用，$r$：割引率，$\Pr(\cdot)$：状態遷移確率，$TC(\boldsymbol{P}_t,\ Av(\boldsymbol{u},\ \boldsymbol{Im}_i),\ F)$：燃料価格 $\boldsymbol{P}_t$，燃料利用可能量上限 $Av(\boldsymbol{u},\ \boldsymbol{Im}_i)$，発電設備容量 F の下での一日間のエネルギーシステムコスト（備蓄関連費用除く）

式(4.9)にて，原油・LNG 供給状態と原発稼働状態を表す添え字 i, j のあ

る変数と，燃料価格 P_t が確率的な状態変数であり，これらの不確実事象を考慮したうえで，原油・LNG 備蓄運用 u を制御変数として，備蓄の最適運用を決定する．

確率動的計画モデル式(4.9)は次のことを意味する．すなわち，時点 t から分析最終時点までの期待値に相当するエネルギーシステム総コスト $V_i(P_t, s, t)$ は，時点 t から微小期間 dt の間にかかるエネルギーシステム総コスト $(=TC(\cdot)dt+Stk(\cdot)dt)$ と，時点 $t+dt$ (この時，燃料価格は P_t+dP_t，燃料備蓄量は $s+ds$ に微小変化すると想定)から最終時点までのエネルギーシステム総コスト $V_j(P_t+dP_t, s+ds, t+dt)$ の和より構成される．時点 t から $t+dt$ の間での燃料供給および原発稼働状態，燃料価格変分 dP_t は，後述するように，確率的な事象として考慮する．そして分析最終時点から初期時点に向けて後進的に計算することで，日本のエネルギーシステム総コストを最小とする原油・LNG 備蓄運用を計算可能となる．なお，日本のエネルギーシステム総コスト $TC(\cdot)$ は別途，線形計画法により図 4.8 のシステムおいて関連する技術制約条件の下で最小化を通じて求める．

4.2.3 エネルギー供給途絶事象のモデル化

原油と LNG 輸入の途絶リスクと，原発稼働停止リスクをモデル化する．原油・LNG 輸入状態および原発稼働状態として，正常状態と供給障害状態の 2 つの状態を設定する．正常状態は異常なく供給が維持される状態であり，供給障害状態は燃料輸入や原発稼働に供給障害が発生している状態である．この 2 状態が確率的に遷移する状態遷移モデルを，途絶解消から次の途絶が発生するまでの平均時間である平均途絶発生間隔(MTBD：Mean Time Between Disruptions)と，途絶持続の解消に要する平均時間である平均途絶持続時間(MTTR：Mean Time To Recovery)を用いて構築し，式(4.9)で考慮する．途絶率 λ と回復率 μ が時間によらず一定と仮定すれば，MTBD と MTTR は途絶率，回復率の逆数 $1/\lambda$，$1/\mu$ となる．

状態「0」を正常状態，状態「$i(i \in \{1, 2, ..., N\})$」を供給障害状態とし，任意の供給障害状態の途絶率，回復率を T_{0i}，T_{i0} と設定すると，以下のように状態遷移確率を算出できる．

4.2 日本のエネルギー安全保障向上施策の評価

表 4.1 エネルギー供給途絶状態に関するパラメータの想定

	ホルムズ海峡封鎖	LNG供給途絶	原発稼働停止
MTBD（日）	5,475	3,650	3,650
MTTR（日）	40	50	360
原油供給途絶量	正常時比8割	正常時比2割	正常
LNG供給途絶量	正常時比2割	正常時比4割	正常
原発稼働量	正常	正常	全停止

$$Pr(0 \to 1) = 1 - e^{\frac{-dt}{T_{01}}} \quad Pr(1 \to 0) = 1 - e^{\frac{-dt}{T_{10}}}$$
$$Pr(0 \to 2) = 1 - e^{\frac{-dt}{T_{02}}} \quad Pr(2 \to 0) = 1 - e^{\frac{-dt}{T_{20}}}$$
$$\vdots \qquad\qquad \vdots \qquad\qquad (4.10)$$
$$Pr(0 \to N) = 1 - e^{\frac{-dt}{T_{0N}}} \quad Pr(N \to 0) = 1 - e^{\frac{-dt}{T_{N0}}}$$

本モデルでは，3通りのエネルギー供給途絶状態を想定する．原油輸入の途絶状態としてホルムズ海峡封鎖状態，またLNG供給途絶状態を想定し（LNG途絶状態は具体的な背景事象を想定していない），原発稼働停止状態として国内全原発(本モデルでは 3500 万 kW を想定)の停止を設定する．表4.1に設定したパラメータを示す．これらを式(4.10)に代入することで，供給状態間の遷移確率が求まる．

4.2.4 燃料価格モデルの構造

原油などのエネルギー資源価格は，長期的に一定価格に収斂する傾向（平均回帰性）があるとされ，その傾向を有する確率微分方程式の1つに平均回帰過程がある．燃料価格の変動を考慮するため，この平均回帰過程を利用して，価格の変動をモデル化する．平均回帰過程は下式のようにモデル化される．

$$dX_t = \alpha(\mu - X_t)dt + \sigma dZ_t \qquad (4.11)$$

X_t：推計を行う燃料価格，α：回帰速度，μ：長期均衡値，σ：ボラティリティ，dZ_t：ウィーナー過程．

第4章 エネルギーシステム

式(4.9)の確率動的計画モデルに対して，燃料輸入途絶・原発稼働停止の状態遷移確率と燃料価格モデルを結合し，数値計算可能となるよう式展開を行う（詳しい式展開は参考文献[3]を参照）．伊藤の定理，ウィーナー過程の性質等を利用すると，確率動的計画モデル式(4.9)は次式のように展開される．ここで，$V_i(\bm{P}_t, \bm{s}, t)$ を $V_i(X, \bm{s}, t)$ と表記している．

$$
\begin{aligned}
V_i&(X, \bm{s}, t) \\
&= \min_{\bm{u}} \Bigl[TC(X, \bm{Av}(\bm{u}, \bm{Im}_i), \bm{F})dt + Stk(X, \bm{u}, \bm{s})dt \\
&\quad + e^{-rdt}\sum_j \Pr(i \to j) V_j(X, \bm{s}+d\bm{s}, t) \\
&\quad + e^{-rdt}\sum_j \Pr(i \to j) \Bigl\{ dt \Bigl(\frac{V_j(X, \bm{s}+d\bm{s}, t)}{\partial t} \\
&\quad + a \frac{\partial V_j(X, \bm{s}+d\bm{s}, t)}{\partial X} + \frac{1}{2}b^2 \frac{\partial^2 V_j(X, \bm{s}+d\bm{s}, t)}{\partial X^2} \Bigr) \Bigr\} \Bigr]
\end{aligned}
\tag{4.12}
$$

式(4.12)を数値計算することにより，不確実事象下での最適な備蓄運用を求めることができる．

4.2.5 数値シミュレーション結果

600日間での数値計算を行う．初期時点以降，600日間に要する期待コスト（$V_i(\bm{P}_t, \bm{s}, 1)$ に相当）を図4.6に示す．原発設備容量は3500万kW，LNG備蓄量は200万トンで固定し，初期時点のエネルギー供給状態は正常状態として，原油価格，備蓄量に応じて図示する．エネルギーシステム総コストの期待値は原油価格水準が上昇するほど，また原油備蓄量が少ないほど線形に増加する．原油備蓄量が多いほどコスト期待値が低下するため，安全保障上，原油備蓄が有効であることが定量的に示唆される．例えば，原油価格が93ドル/バレルの場合，原油備蓄ゼロ時のコスト期待値は備蓄9,000万kl時に比べ1割上昇する．

$V_i(\bm{P}_t, \bm{s}, t)$ は，時点 t から最終時点までの任意の燃料価格と備蓄量，供給状態でのコスト期待値を表す．この V_i を用いて，最終時点までの燃料

4.2 日本のエネルギー安全保障向上施策の評価

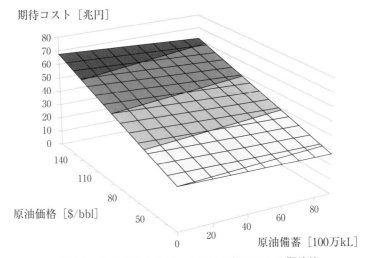

図 4.6 日本のエネルギーシステム総コストの期待値

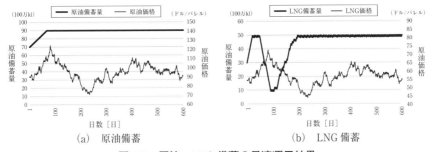

図 4.7 原油・LNG 備蓄の最適運用結果

価格や供給状態の想定の下で，最適備蓄運用を導出できる．原油・LNG 備蓄の最適運用例を図 4.7 に示す．原油備蓄では，初期の備蓄量から備蓄を積み増し，備蓄容量上限に達した後，最終時点に至るまで上限水準で維持する結果となった．これは，原油がホルムズ海峡封鎖など供給途絶リスクを抱える中，エネルギー供給に占める石油の比率が大きいこと，輸送部門で他燃料への代替が効かないため供給途絶時の効用減少が大きいこと，が主な要因である．LNG 備蓄については，初期時点から積み増し，LNG 価格が上昇時に備蓄を取崩し，LNG 価格の下落時に備蓄の積み増しを再度行い，最終時点に至るまで備蓄容量上限で維持する運用となった．LNG は発電部門でも消

85

費されており，発電部門は代替電源が存在するため，原油に比べ，価格に応じた柔軟な運用が最適解となった．

まず，原子力発電所の稼働停止に関して2つのシナリオ，LNG備蓄量について1つのシナリオを設定し，これまで説明した基準シナリオとの比較を行う．

- 原子力停止長期化シナリオ：全原発稼働停止後，再稼働までの期間が長期化し，平均途絶持続時間を540日と想定（基準シナリオは360日）．
- 原子力安全管理強化シナリオ：原子力の安全規制・安全管理強化により，稼働停止頻度が低下する．平均途絶発生間隔を7,300日と想定（基準シナリオは3,650日）．
- LNG備蓄費用5割減シナリオ：LNG備蓄は一般にコスト高であることから，LNG備蓄の運用管理費用が基準シナリオに比べ5割減少を想定．

また，我が国のエネルギー政策の問題点として，現在，十分なLNG備蓄が存在していないことから，上記のシナリオを踏まえ，LNG備蓄量の変化が日本のエネルギーシステム総コスト期待値に与える変化を分析する（供給状態は正常，原油価格は93ドル/バレル，石油備蓄量は8,000万klと想定）．結果を図4.8に示す．日本のエネルギーシステム総コストを比較すると，例えばLNG備蓄量200万トンでは，原子力停止長期化シナリオで最も高水準となり，次いで基準シナリオ，LNG備蓄費用5割減シナリオ，原子力安全管理強化シナリオでコストが最も低水準となった．このことから，エネルギー安全保障リスクに経済合理的に対応するうえで，原子力発電の安全規制・管理が我が国のエネルギーシステム全体にとってきわめて重要であることがわかる．

全シナリオにおいて，LNG備蓄量が増加するとコストは減少し，LNG備蓄の価値が高いことが示唆される．一方，原子力安全管理強化シナリオでは，基準シナリオに比べLNG備蓄増強によるコスト低減効果は小さい．これは，安全管理強化により原発の稼働停止リスクが小さい場合，LNG備蓄の電力供給途絶リスクに対するバッファー機能の役割が相対的に低下するため，原子力が安定的に稼働すれば，LNGの燃料備蓄効果を代替できること

4.2 日本のエネルギー安全保障向上施策の評価

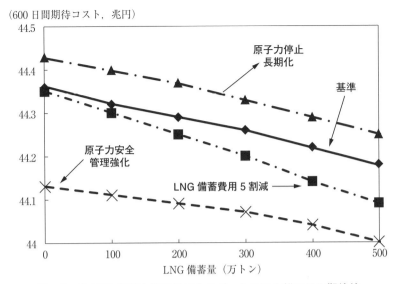

図 4.8　各 LNG 備蓄水準でのエネルギーシステム総コスト期待値

を示唆している.

さらに，原子力のエネルギー安全保障上の価値を分析するため，原発稼動容量に関する感度分析を行った（その際，原発の稼動容量に応じて天然ガス火力の設備容量を調整）.

図 4.9 に，原発稼動容量の変化に伴うエネルギーシステム総コスト期待値の変化を示す．原発稼働容量の増加に従い，コスト期待値は低下し，特に原発稼動容量がゼロの際のコストは，最もコストが低下した水準に比べ，一日あたり 230 億円，年間に換算して約 8 兆円増大する．これは原発稼動容量低下に伴い，LNG 火力や石油火力への依存度が増し，それらの燃料輸送に伴うホルムズ海峡封鎖リスク，LNG 供給途絶リスクが相対的に上昇すること，それに伴う燃料調達コストの期待値上昇を受け，日本のエネルギーシステム総コスト期待値が増加するためである．このため原子力は原油・LNG 輸送上のリスクを低減するうえでも重要な役割を担う電源であることが示唆される．図 4.9 より，原子力停止長期化シナリオの下でも，原発稼働容量増加に従い，コスト期待値は低減することから，原子力発電所の稼働停止リスクを考慮したとしても，原子力発電は経済合理的なエネルギー安全保障策と

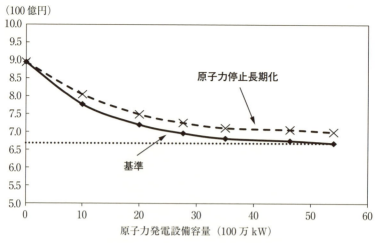

図4.9　各原発稼動容量でのエネルギーシステム総コスト期待値

して貢献することが示唆された．

4.2.6　日本のエネルギー安全保障のために

4.2節では，原油・LNG価格の変動および原油・LNG供給途絶，原発稼働停止というエネルギー安全保障上のリスクを定量的に考慮したうえで，確率動的計画法を利用して，原油・LNG備蓄の最適運用，および日本のエネルギーシステム総コストの期待値を分析した．その結果，原油・LNG備蓄が，エネルギー安全保障上のリスクを考慮したうえでのエネルギーシステム全体の期待コストを低減することから，リスクに対応するうえで重要なオプションであること，原子力は原油・LNG輸送上のリスクを低減するうえでも重要な役割を担うこと，そして，原子力はその稼働停止リスクを考慮しても経済合理的なエネルギー安全保障策として貢献することが定量的に示唆された．

今後の課題として，備蓄やエネルギーインフラの地理的配置を考慮することがあげられる．

4.3 首都圏のエネルギー供給レジリエンス

4.3.1 災害によるエネルギー供給途絶リスク

現在,今後30年以内にマグニチュード7クラスの首都直下地震が70%の確率で発生し,深刻なインフラ被害を及ぼすことが懸念されており[4],その影響は首都圏にとどまらず,日本全体のエネルギー供給が大きく毀損することが懸念されている[5].そのため,東日本大震災の事例を踏まえ,エネルギー供給のレジリエンス向上を図ることが重要であり,その対策が求められる.例えば,電力システムの脆弱性として,東京湾沿岸に発電設備の立地が集中しており,電力供給の冗長性が確保されていない点があげられる.

東日本大震災では,道路,港湾,鉄道などの交通・流通網や,エネルギーなどのライフライン寸断により,重要インフラの脆弱性が顕在化し,特にエネルギーは国民生活と密接に関連するため,甚大な影響を与えた.

電力部門では,関東と東北エリアでの電源毀損により,供給力不足が発生し,震災直後には戦後初となる輪番停電が実施され,夏期には大口需要家に対して電力使用制限令が発せられた.これらの強制的措置は広域停電回避に一定の効果をあげたが,国民生活や社会経済に悪影響を与えた.

石油部門では,製油所や油槽所などの供給設備,タンカーやタンクローリーなどの輸送設備が被災し,サプライチェーンが寸断された.当時,石油元売会社が災害対策基本法において指定公共機関に認定されておらず,ガソリンや軽油を積載したタンクローリーが緊急輸送車両と認可されず,被災地への燃料輸送が滞るなどの社会的制約も顕在化した.上記の経験を踏まえ,緊急時対応に向けたエネルギーインフラの増強投資が重要となるが,発生頻度がきわめて低い大規模災害リスク(稀頻度リスク)に備えるための投資は,一般にコスト高になる傾向があり,経済的合理性の考慮が不可欠である.

そこで4.3節では,大規模災害リスクを考慮に入れ,重要インフラである電力インフラおよび石油流通インフラを考慮したコスト最小化型の数理モデルを構築し[6],レジリエンス向上策として,非常用電源の燃料備蓄,地域間電力連系線の増強,油槽所の強靭化等に関して分析を行い,関東圏の現状の電力・石油インフラが抱える大地震に対する脆弱性を評価する.

4.3.2 電力需給・石油需給モデルの概要

4.3節では，関東圏の電力・石油インフラのネットワーク構造，電力・石油部門間の相互依存性，ならびに大規模地震の発生リスクを明示的に考慮した関東圏のエネルギー需給モデルを構築する．

正常状態および災害発生状態における電力システム，石油供給・流通システムのコストを線形計画モデル（電力需給モデル，石油需給モデルより構成）で算出し，それらを確率動的計画モデルで考慮することにより，大規模地震の発生リスクを考慮した関東圏のエネルギーシステムの最適運用パターン等を分析できるようになっており，政策担当者や事業者の意思決定ツールの1つとして活用できると考えられる．

(1) 電力需給モデル

参考文献[7]を参考に，関東圏の電力基幹系統を詳細に考慮した電力需給モデルを構築する（図4.10）．なお，関東圏と東北・西日本を接続する地域間

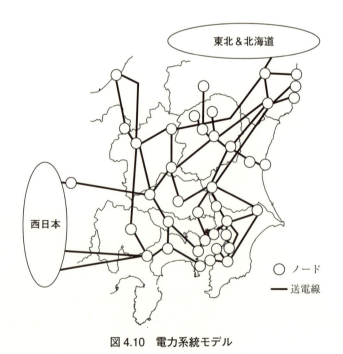

図4.10 電力系統モデル

4.3 首都圏のエネルギー供給レジリエンス

連系線も考慮しモデル化する．各ノードには，発電設備(石炭火力，石油火力，ガス火力，ガス複合火力，原子力，水力，非常用発電機)の設備容量と電力需要を設定する．

電力需要は家庭，業務，産業部門の需要を考慮し，各部門の災害時の節電行動も，電力の価格弾性値の設定により想定した電力需要曲線を基にモデル化する．モデルの制約条件として，電力需給バランス制約，設備容量・出力制約，電力貯蔵設備制約，充放電制約，送電制約などを考慮する．

(2) 石油需給モデル

石油需給モデルでは，内航船と鉄道による製油所から油槽所への石油製品輸送，および関東圏では油槽所から需要家へのタンクローリー輸送を考慮する(図4.11，図4.12)．

各製油所では詳細な石油精製フローを考慮し，製油所内の各精製設備の処理能力，油種別(揮発油，ナフサ，灯油，軽油，A重油，C重油，LPガス)の石油製品需要，油槽所の貯油能力，タンクローリーの輸送容量，需要家備蓄量のデータを前提条件として考慮する．

図4.11　石油広域輸送モデル

第4章 エネルギーシステム

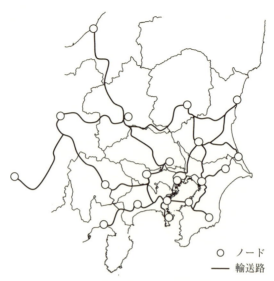

○ ノード
── 輸送路

図 4.12　タンクローリー輸送モデル

また各輸送経路には，輸送手段と距離に応じた輸送コストも考慮する．モデルの制約条件として，製品供給制約，石油輸送制約，備蓄放出制約，需要家備蓄制約，石油精製制約，製品輸入量上限制約，製品輸出制約，需要抑制制約を考慮する．

(3) **確率動的計画法による定式化**

本モデルでは大規模地震の発生確率を数理的に考慮し，災害発生による電力・石油インフラの毀損を，それらの稼働率低下としてモデル化する．この想定の下，非常用発電機の燃料備蓄，油槽所の民間備蓄，SSの流通在庫を状態変数とした確率動的計画法によるコスト最小化型のモデルを下式のとおり構築した．

$$V_t(St_t, i) = \min_{u_t} \left\{ g_t(St_t, i, u_t) + Pe_t + e^{-\gamma} \sum_j P_{ij} V_{t+1}(St_{t+1}, j) \right\} \quad (4.13)$$

$$St_{t+1} = A_t St_t + B_t u_t \quad (4.14)$$

$$V_{T+1}(St_{T+1}, i) = 0 \quad (4.15)$$

4.3 首都圏のエネルギー供給レジリエンス

$t \in \{0, ..., T-1\}$：時点(日)，$V_t(\cdot)$：時点 t から最終時点 $T-1$ までの総コスト期待値(円)，i, j：インフラの被災シナリオ，St_t：石油貯蔵量(kl)，u_t：システム全体の設備運用，$g_t(\cdot)$：システム運用コスト(円)，Pe_t：節電・省エネコスト(円)，Pr_{ij}：状態遷移確率，γ：割引率，$A_t, B_t, c_{t,i}$：定数行列・ベクトル

コスト関数 $g_t(\cdot)$ はすでに述べた電力・石油需給に係る工学的・社会的な制約条件の下で求める．制約条件はすべて線形式である．

(4) 計算の緒前提

本分析では首都直下地震の発生により，東京湾岸で表 4.2 の被害が生じると想定する[4][5]．災害発生確率は 30 年に 1 度の頻度で発生すると想定し，復旧確率は 2 週間で復旧するとして想定する[5]．

分析対象期間は 20 日間とし，電力供給設備および需要，油槽所の民間備蓄量は 2013 年夏季の実績値，石油供給設備は 2015 年の実績値を用いる．SS の流通在庫は各ノードで需要の 3 日分が存在すると想定する．原子力発電の稼動，非常用発電機用燃料の備蓄，災害時の油槽所の在庫出荷機能に関する想定は，後述するケースごとに定める．

モデルでは，正常状態，供給障害状態の 2 状態を，20 日間において考慮するため，2^{19} 通り(524,288 通り)のシナリオ分岐が計算対象となり，しかも，各分岐点で 356 個(民間備蓄：238，非常用発電機用燃料：38，需要家備蓄：80)の状態変数について不確実性を考慮した意思決定が行われる．

厳密解法での計算は，計算機の物理的制約からほとんど不可能である．確率動的計画法による定式化は不確実性を考慮するうえで有効であるが，この

表 4.2 災害シナリオの想定

電力システム	石油システム
発電設備の稼動停止	製油所の稼動停止 油槽所の入出荷機能の停止 首都圏近郊の鉄道交通の封鎖 SS 営業率の低下(70％) タンクローリーの走行速度低下(30％) アクアライン・恵那山トンネル・関越トンネル封鎖

ような状態変数の高次元化に伴い,「次元の呪い」と呼ばれる問題により,求解難易度が指数関数的に上昇する問題点がある.そこで切除平面法による近似解法により最適解を求める.

4.3.3 レジリエンス強化策の分析

(1) 基準ケース

基準ケースとして,原子力発電は全国で稼働停止,非常用発電機用の燃料は各ノードの業務,産業部門の需要家が3日間運転可能な量を保有,災害時の油槽所の在庫出荷機能は停止,と仮定して分析を行う.

図4.13,図4.14にガス火力と地域間連系線の潜在価格(シャドープライス)を示す.この潜在価格は,価値関数 $V_0(\cdot)$(分析対象期間内のシステム総コスト期待値)のコスト削減効果を表し,ガス火力,地域間連系線の単位容量増強によるコスト期待値の削減効果を表す.図4.13より,電力システムに関しては,東京湾岸に立地する富津などのノードよりも,柏崎刈羽や広野など首都圏域外ノードでのガス火力増強が,経済的価値がより高い傾向にある.東京湾岸よりも湾岸外で電源増強を行い,湾岸への電力設備の集中化を是正することが,首都直下地震のリスク緩和策として経済的効果が高いことを示唆している.また災害時の電力対策として,周波数変換設備(新信濃

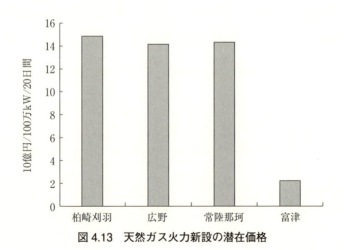

図 4.13 天然ガス火力新設の潜在価格

4.3 首都圏のエネルギー供給レジリエンス

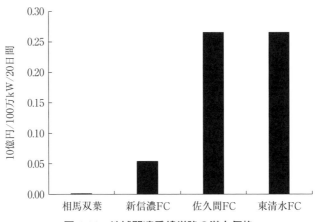

図 4.14 地域間連系線増強の潜在価格

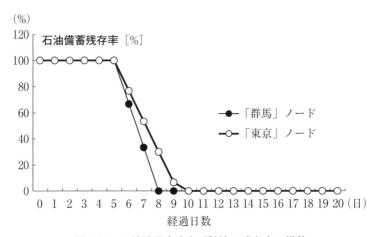

図 4.15 石油流通在庫(A 重油)の残存率の推移
(6 日目に発災し,供給障害状態が最終時点まで継続するパスでの分析結果を示す)

FC,佐久間 FC,東清水 FC)増強によるコスト削減効果が相対的に大きい(図 4.14).このように本モデルにより,災害リスクに対する電力システムの冗長性確保の経済的価値を定量的に評価できる.

また,直下地震による被害が深刻な東京湾岸では,石油流通インフラの毀損により石油需給がタイトになる.そこで,レジリエンス強化策の 1 つとして,石油流通在庫の最適運用パターンをみるため,図 4.15 に湾岸に位置す

第4章　エネルギーシステム

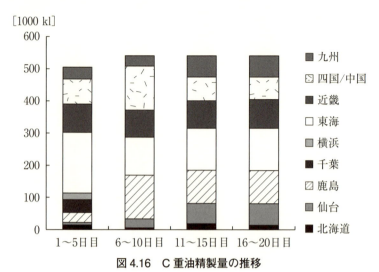

図4.16　C重油精製量の推移
(6日目に発災し，供給障害状態が最終時点まで継続するパスでの分析結果を示す)

る東京ノードと，湾外に位置する群馬ノードでのA重油の流通在庫の残存率を示した．災害時に需給に対する制約が相対的に緩やかである群馬ノードでは，発災後に流通在庫をすぐに使い切るのに対し，非常に厳しい需給制約が課される東京ノードでは，湾外からの燃料調達が比較的困難であるため，将来の更なる災害に備え，より慎重に流通在庫を取り崩している．

さらにC重油の精製量の推移を見ると(図4.16)，発災後，千葉や横浜ノードの湾岸地域の製油所は稼動停止のため精製量が減少し，代わりに鹿島，仙台，九州ノードで精製量が増加し，関東圏の供給不足を緩和する．特に鹿島ノードにおいて生産量が大きく伸びており，これは，関東圏での災害時の電力不足緩和のため，災害時でも発電可能な電源が鹿島ノードに存在するためである．また災害発生後，石油火力の発電量が増加するため，C重油の生産量自体も，災害前に比べて増加していることがわかる．

(2)　**対策ケース**

基準ケースでの検討を踏まえ，①原子力発電所の稼動，②燃料備蓄増強(7日間分の備蓄確保)，③油槽所の出荷機能強化(災害時での東京湾岸の民間備

4.3 首都圏のエネルギー供給レジリエンス

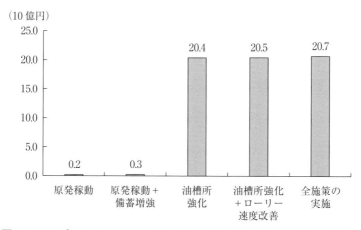

図 4.17 レジリエンス強化策によるシステム総コスト期待値の削減効果

蓄放出)，④タンクローリー走行速度の改善の4つの対策の経済的価値を分析する．なお③，④の設定は参考文献[8]にもとづき想定する．①は東京湾岸外に立地する原発稼動による電力システムの冗長性向上の評価を目的とする．②では非常用発電機の燃料備蓄量を3日分から7日分に増強することを想定する．③，④は東京湾岸の石油流通の脆弱性克服を踏まえた対策であり，③は油槽所強化によって災害時に東京湾岸において民間備蓄の放出を可能とする対策であり，④は災害時のタンクローリーの走行速度を30%から50%に改善することを想定する．

これらの対策によるシステム総コスト期待値の低減効果（基準ケースとのコストの差分）を図4.17に示す．すべての対策に一定のコスト削減効果が見られるが，特に油槽所の出荷機能強化によるコスト削減効果が大きい．要因として，石油製品は他の燃料と代替が困難なため，その供給不足は消費者効用の損失を拡大するため，特に災害時の石油製品出荷機能の強化は経済的価値が大きいためである．

4.3.4 エネルギー供給のレジリエンス強化のために

4.3節では，電力・石油流通システムのネットワーク構造およびその相互依存性を考慮した数値シミュレーションモデルを構築した．このモデルで，

第4章　エネルギーシステム

首都直下型地震のリスクを考慮したエネルギーシステム総コスト期待値最小化を通じて，重要インフラである電力・石油流通インフラのレジリエンス強化に資する各種対策の費用対効果の分析が可能となった．

今後の課題には，ガスや水道などのインフラも含めたより包括的な分析や，全国のエネルギーインフラや，南海トラフ巨大地震等の災害を対象にした全国大での分析などがあげられる．

第4章の参考文献

[1]　蟻生俊夫，後藤久典：「需要家から見た供給信頼度の重要性と停電影響―国内需要家調査および首都圏停電調査にもとづく分析」，『電力中央研究所 研究報告』，Y06005，電力中央研究所，2007年3月．
[2]　日本エネルギー経済研究所：『エネルギー・経済統計要覧』，省エネルギーセンター，2016年．
[3]　川上恭章，小宮山涼一，藤井康正：「数理計画法によるエネルギー安全保障評価手法の開発と燃料備蓄の最適運用戦略に関する分析」，『エネルギー・資源』，Vol.34, No.5, 2013年，pp.21-30．
[4]　中央防災会議：「首都直下地震対策検討ワーキンググループ：首都直下地震の被害想定と対策について(最終報告)」，2013年．
[5]　関東地方産業競争力協議会：「関東地方産業競争力強化戦略」，2014年．
[6]　松澤宏務，小宮山涼一，藤井康正：「大規模地震リスクに対する首都圏のエネルギー供給レジリエンスに関する経済性評価」，『平成28年電気学会全国大会講演論文集』，第6分冊，2016年，pp.141-142．
[7]　電力系統モデル標準化調査専門委員会編：『電気学会技術報告』，第754号，電気学会，1999年．
[8]　比留間孝寿：「首都直下地震を想定した石油供給シミュレーション」，『関東圏エネルギー基盤強靭化フォーラム パネル討議資料』，2014年，pp.35-39．

第5章

強靭な金融システム

本章では，金融システムにおけるレジリエンスに関して，シミュレーション研究を中心に研究事例を紹介する[1]．

最初に金融システムの中核をなす金融市場をとりまく現在の環境を解説する．具体的には，金融市場の役割を紹介し金融市場モデルの新しい潮流として複数市場が連成する人工市場モデルを解説する．さらに，複数市場の人工市場モデルを用いて実際の市場の安定性やレジリエンスを分析した研究事例を紹介する．

また，高頻度な裁定取引が市場のレジリエンスに与える影響を調べた研究と，特定の指標にもとづいたリスク管理の普及が複数財を扱う市場に与える影響について分析した研究を紹介する．

5.1 金融市場をとりまく環境

5.1.1 経済活動における金融市場の役割

われわれの生活は経済活動と密接に結びついている．経済活動とは合理的行動を取る主体を介して，稀少な資源を配分する活動であるといえる．この配分方法は市場に委ねられ，現代においては稀少性のある資産を直接交換するのではなく，その代替として資金を介したやり取りが行われている．

その資金を融通する市場を金融市場という．金融市場では資金の余剰者から不足者へ資金が融通される．資金余剰の主体は資金を貯蓄したり投資により資金を増やし，資金が不足している主体は事業を行ったりサービスを提供したり，資産を購入するために資金を借りたり出資を募って資金獲得を行

---

[1] 本章で紹介した研究成果の一部は，JST, CREST および文部科学省ポスト「京」萌芽的課題2「複数の社会経済現象の相互作用のモデル構築とその応用研究」の支援を受けて実施したものである．

う．金融市場はその仲介者として機能する．それに加え，金融活動に伴うさまざまなリスクを回避する手段の提供も金融市場の大きな役割となっている[31]．

金融部門の健全性は経済活動に大きく寄与しており，その重要性は無視することはできない．

金融市場でトラブルが発生すれば，その影響は経済全体に波及し得る．経済の健全性を考えるうえで，金融市場の安定性，堅牢性は重要なことであり，金融機関は自らの破綻を招かないよう，保有資産のリスク管理などを徹底している．しかし，近年の金融取引技術高度化，通信技術の発達によるグローバル取引の障壁低下などにより，新たなリスクが出現し金融市場を取り巻く環境は日々変化している．日々変化する市場構造を捉まえるため，新たな金融市場モデルの研究が続いている．

5.1.2 金融市場モデルの新たな潮流

2008年に起こったリーマンショックの後，リスクに対する概念に変化があった．従来は，資産価格のボラティリティ（volatility）[2]の高さやCDS（クレジットデフォルトスワップ：Credit Default Swap）[3]のスプレッド（spread）[4]，または長期金利と短期金利の差が金融市場の状態を計測する指標とされてきた[32]．しかしながら，近年このような指標が安定的であるときこそ，金融システムにリスクが蓄積しているのではないかという指摘がなされるようになってきた．

例えば，ボラティリティに関して「ボラティリティパラドックス（volatility paradox）」という概念がある[5][17][22]．「ボラティリティパラドックス」

---

[2] ボラティリティとは，資産の価格変動率のことであり，過去の実際のボラティリティはヒストリカル・ボラティリティと呼ばれ，投資家が予想する将来の資産価格の変動率をインプライド・ボラティリティという．

[3] クレジットデフォルトスワップとは，主に金融機関同士で信用リスクをヘッジしたいときに契約される取引のことである．取引期間中，定期的に保証料に該当するフィーを支払う代わりに，対象となる信用リスクの主体（一般的には企業や国）に一定の事由が発生し，それが客観性を持って認められる場合に売り手と買い手との間で決済がなされる取引を指す．

[4] スプレッドとは，売り手の提示する最も低い価格と，買い手の提示する最も高い価格の差のこと．

によると，市場参加者がリスク要因となり得る情報に配慮せず，「自分以外の資本を用いてより多くの利益を得よう」と考えて流動性の高い取引を行っているときは，金融市場にリスクが蓄積されている状態であり，このような場合の市場ボラティリティは比較的低いと考えられるというものである．

この考え方によると，従来の指標は金融市場のリスクの状態を計測できるものではなく，指標がある水準に到達しているときに，その指標の背景にある投資家の行動や状況を確認することが重要であるといえる．

従来の研究は，実際の市場データを分析する実証分析および，確率モデルや統計モデルによる理論分析が主であり，その市場の内部構造を観測し，検証をすることが困難であった．しかしながら，金融市場の観測に用いられてきた指標の解釈に疑問が呈される昨今において，金融システムの内部メカニズムを明らかにすることは重要であるといえる．そのようなニーズに応えるものとして，マルチエージェントモデルによる人工市場モデル研究が行われている．

(1) **人工市場モデルの現状**

人工市場モデルとは，計算機内にトレーダーの行動を模擬した複数のエージェント(agent)を用意し，仮想の金融市場において発注行動を行うことで実際の金融市場と同様の現象を再現するようなマルチエージェントシミュレーションモデル(multi-agent simulation model)のことである[35]．マルチエージェントシミュレーションは交通システムの検証[20]や避難経路シミュレーション[15]など，実際の社会経済システムで社会実験を行うことが困難な事例において，制度・規制の効果を検証するのに適している．

人工市場は，金融市場内部のミクロなメカニズムを可視化することができるため，モデル内部のパラメータやルールを変更することで，実際の制度を模擬したり，金融市場で観測される現象をミクロレベルから解析したりすることが可能となる．

(2) **人工市場シミュレーションによるリスク分析**

金融市場における制度設計や投資手法の変化はその市場の安定性に大きく

関与し得る．空売り規制や制限値幅制度などは過熱した投資行動を緩和し，市場の安定性を維持する効果が期待されるが，新たな投資行動など，金融市場の構造変化により常に同じ効果が期待できるとは限らない．そこで，マルチエージェントモデルによって人工市場を構築し，制度の効果検証を行う取組みが行われている．

過去にはアメリカの証券取引所 NASDAQ が人工市場を用いて呼値の刻みが投資家へ与える影響を検証するなど[9]，実務的な応用も見られる分野である．

市場における制度・規制を検証した例として，水田ら[24][27]は取引の際の呼値の刻み（ティックサイズ：tick size）やオークション（auction）方法などのルールがボラティリティや理論価格[5]との乖離幅などの市場に与える影響を検証している．また，大井[30]，水田ら[26]は，空売り規制の効果について検証を行っている．

投資家の特性が市場に与える影響について分析した例もある．マーケットメイカー（market maker）は市場流動性を提供する役割を担っているが，ワン（Wang）ら[6]はマーケットメイカーが市場流動性を高める一方で，市場価格の変動が激しい際には，短期的な価格の急変をもたらす結果を示した．草田ら[28][29]ではマーケットメイカーの呼値のスプレッドが取引量に与える影響を検証し，より望ましいマーケットメイカー制度を模索している．

水田ら[25]では，高速化する取引システムの影響を分析している．近年の取引システム高速化は，流動性が向上する一方，注文量の増大などのコストが増大したという批判もある．水田らは，取引システムがある時点での真の市場価格を投資家に提示するまでにかかる処理時間と投資家の注文間隔との関係を調査し，市場の非効率性の変化を検証している．

5.1.3 連成型人工市場モデルの必要性

これまでに見てきた人工市場研究はいずれも，単一市場における影響分析であった．しかしながら，実際の金融市場は，取引手法の高度化，取引のグ

---

5 理論価格とは，基礎的経済要因から導出された理論上の価格をいう．

ローバル化により市場同士が複雑に絡み合っており，市場の内部メカニズムをより実体的に観測するためには単一市場内の検証には限界がある．

実際の投資家は特定の1つの市場のみで取引するということはない．株式市場と為替市場など異なる資産市場で取引をすることもあれば，取引所市場とOTC市場[6]というように同じ資産について異なる場で取引をするケースもある．

バーゼル (Basel) 規制や清算集中規制など国際的に共通の制度が適用されることもあれば，税制など国によってかなり異なる取引制度もある．1つの市場の取引だけを考える場合でも，投資家はみな同じ環境・事情で取引をしているのではなく異なる制約，動機のもとで取引を行っている．そして，動機の異なる投資家が金融取引に参加した結果，市場同士が規制・制度や投資家によって密接に影響し合うこととなる．

そのため，市場モデルをより実体に則したものにするため，複数市場を内蔵した連成型人工市場モデルが登場した．

5.1.4 複数市場を扱う人工市場モデル

シュー (Xu) ら[21]は中国の株価指数先物 (CSI300) 先物とその原資産市場 (5銘柄の株式) が連動する人工市場モデルを設計している．シューらは実際の市場データとモデルの統計量を比較し，先物価格と原資産価格の差 (ベーシス：basis)，Bid-Ask スプレッド，ボラティリティクラスタリング (volatility clustering)，収益率の絶対値の統計的特徴の再現を行い，先物と原資産 (5銘柄の株式) が連動する人工市場モデルを構築している．

オプション (option) 市場と原資産市場をモデル化した例としてバキロ (Baqueiro) ら[1]，エッカ (Ecca) ら[10]，カワクボ (Kawakubo) ら[13]の例がある．

バキロら[1]は，原資産に加えてオプション取引[7]を併用する戦略が優位か (資産を最大化するか) どうかという観点で人工市場シミュレーションを行っ

6　OTC市場とは中央的な市場が存在せず投資家同士の相対取引が行われる市場のこと．
7　オプション取引とはある資産の売買の権利の取引のことである．

第5章 強靭な金融システム

ており，投資家が原資産価格変動をランダムであると予想する場合，オプション取引が収益に貢献していることを示している．

エッカら[10]はオプション取引を行う投資家が，原資産市場にどのような影響があるかを調べており，ストラドル(straddle)取引[8]を行った場合，原資産価格のボラティリティがやや上昇したと報告している．また，原資産価格変動が激しい場合にオプション取引を行った投資家とそうでないエージェントの場合は平均資産額に差が出ることを明らかにしている．また，オプション取引の導入によってわずかながら原資産市場のボラティリティが上昇することを報告している．

カワクボら[13]は，従来数理モデルでしか検証できなかったデルタヘッジ(delta hedge)取引が原資産市場に与える影響を，オプション市場と原資産市場の連成モデルを構築することにより検証している．ヘッジ取引とは，価格変動によるリスクを抑制するために，原資産市場と反対の取引をオプション市場などで行うことである．ヘッジ取引はリスク管理のために必要な取引であるが，市場変動時にはヘッジ取引の影響が市場変動を増幅するのではないかと懸念されることがあった．カワクボらはヘッジ取引を頻度別に検証し，低頻度のデルタヘッジ取引では原資産市場におけるヘッジ取引の割合が0.3%であるにもかかわらず，約25%のボラティリティ変化を観測した．一方，ヘッジ取引が高頻度に行われる場合，複数のオプションの組合せ(ポートフォリオ：portfolio)のガンマ値(原資産価格の変化に対するオプション価格の変動率の変動率)が負であっても，正であっても原資産市場のボラティリティが上昇することを観測している．高頻度ヘッジ取引のシミュレーションでは，自身のヘッジ注文により起因する原資産市場の大きな価格変化によってさらにリスクヘッジ行動を取るスパイラル構造が確認できており，パラメータ変更により柔軟でダイナミックな影響分析を可能にしている．

このように，人工市場モデルでは規制・制度，投資行動，市場間の関係性をモデル化することにより，これまではボラティリティやスプレッドなどの

---

8 ストラドル取引とは同じ満期，同じ権利行使価格のコールオプションとプットオプションを組み合わせた取引のこと．

指標でしか評価できなかった市場の内部状態を可視化することができる．このことにより，より柔軟で本質的な市場への理解が進み，高度なリスク管理手法への橋渡しが期待されている．

5.2 裁定取引が市場安定性に与える影響の分析

　近年の金融市場では以前に比べて多くの市場参加者が，複数の株式の個別銘柄の市場や債権市場など，多様な資産を複数の市場で頻繁に取引するようになった[18]．その背景にはアルゴリズム取引など，計算機を用いた高頻度な自動取引技術の発展がある．複数資産を同時に高頻度で売買する取引戦略の例として，高頻度な裁定取引がある．裁定取引とは，理論上同じ価値になる複数の資産間に一時的な価格差が生じた際に，割高な資産を売るのと同時に割安な資産を買う取引戦略のことである．その後に，両者の価格差が縮小した時点でそれぞれの反対売買を行うことで利益を獲得する．

　本来，裁定取引によって突発的な理由による価格の歪みが速やかに解消されて，偶発的な価格変動から適切な理論価格へ回復する市場のレジリエンスが高まると考えられてきた．しかし，近年の実証研究では，ある種の裁定取引の対象となった銘柄の株価は，他の銘柄の株価に比べて不安定であることが明らかになった[3][11]．そこで本節では，複数市場を扱う人工市場モデルを用いて，高頻度な裁定取引が市場のレジリエンスに与える影響を調べた研究を紹介する[19]．

5.2.1 人工市場モデルの枠組み

　本節の人工市場モデルは，N 個の株式の個別銘柄と 1 つの ETF（上場投資信託：Exchange Traded Fund）の $N+1$ 個の市場を取り扱う．ETF とは平均株価などの指標と連動するように運用されたと投資信託のことで，株の個別銘柄の売買と同じように取引所で売買ができる．このモデルでは，N 個の個別銘柄の平均株価に連動する ETF を仮定している．

　各個別銘柄 $s=(1, ..., N)$ には，それぞれの企業の経済活動や資産などの基礎的経済要因（ファンダメンタルズ）から計算された理論価格 p_t^{s*} が存在す

ると仮定する．このモデルでは，「毎期，理論価格がどれぐらい上がるか下がるか」は，酔っ払いの千鳥足やサイコロの目のように運(確率)のみによって決まるものとした[9]．各個別銘柄 s にはそれぞれ連続ダブルオークション(double auction)と呼ばれる価格決定メカニズムを持つ取引市場があり，仮想的な取引を行う計算機のプログラム(エージェント)の売買の結果により各時点 t の市場価格 p_t^s が決定される．ETFの市場価格 p_t^{ETF} も同様に取引の結果決定される．平均株価指数 I_t は N 個の個別銘柄の株価 $p_t^1, p_t^2, ..., p_t^N$ の平均価格をもとに計算され，ETFの理論価格 p_t^{ETF*} は N 個の個別銘柄の理論株価 $p_t^{1*}, p_t^{2*}, ..., p_t^{N*}$ の平均価格をもとに計算される．

この人工市場モデルでは，N 個の個別銘柄とETFからある単一の資産のみを取引する一般トレーダーと，ETFと個別銘柄を同時に高速で取引する高頻度裁定取引トレーダーの2種類のエージェントが存在する．

(1) 一般トレーダー

一般トレーダーは，銘柄 s の将来の価格変動(リターン：return)の予想値 $\hat{r}_t^{i,s}$ を，理論価格要因 F_t^i，トレンド要因 C_t^i，ノイズ項 N_t^i の3つの値を用いた式(5.1)により計算する[7]．

$$\hat{r}_t^{i,s} = \frac{1}{w_F^i + w_C^i + w_N^i}\left(w_F^i F_t^{i,s} + w_C^i C_t^{i,s} + w_F^i N_t^{i,s}\right) \quad (5.1)$$

ここで，$w_F^i, w_C^i, w_N^i \geq 0$ は各項への重みであり，「トレーダー i が将来の価格変動を予想するうえで各項をどれぐらい重視しているか」を表し，各トレーダーにより値が異なる．理論価格要因 F_t^i は，現在の市場価格が将来的に理論価格へ接近するという期待にもとづき，理論価格が市場価格より高い場合には正の値を取り，逆の場合には負の値を取る．トレンド要因 C_t^i は，過去 τ^i 期間の価格トレンドが将来的にも継続するという期待にもとづき，過去のリターンの平均が正の場合には正の値を取り，逆の場合には負の値を取る．最後に，ノイズ項は，上記2要因以外の要因の影響はランダムに

---

9 より具体的には，理論価格は，平均 μ_{s*}，相関係数行列 $\{\rho_{s*,z*}\}$ を持つ多変量幾何ブラウン運動により外生的に与えられるランダムウォークに従うものとした．

与えられるという期待にもとづき，ランダムに決まる[10]．

シミュレーションの各ステップでランダムに選ばれた1体の一般トレーダーが注文を行う．一般トレーダーの期待リターンが一定の値以上(以下)であれば，1単位の資産を買う(売る)注文を行う．

(2) **高頻度裁定トレーダー**

裁定トレーダーは価格指数 I_t と ETF の市場価格 p_t^{ETF} との価格差が生じたときに，ETF と個別銘柄を同時に売り買い(買い売り)し利益を得る．裁定トレーダーはまず株価指数 I_t を計算し，次に ETF 価格 p_t^{ETF} と比較して $I_t \neq p_t^{ETF}$ となった場合に取引を行う．具体的には，$I_t > p_t^{ETF}$ のとき，ETF の買い(N 単位)と個別銘柄の売り(各1単位)の注文を同時に行う．他方で，$I_t < p_t^{ETF}$ のとき，ETF の売り(N 単位)と個別銘柄の買い(各1単位)の注文を同時に行う．

5.2.2 市場の不安定性伝播の分析

$N = 2$ 個の銘柄と ETF からなる人工市場を用いる．ある個別銘柄(銘柄1とする)の理論価格が突発的な原因で20%急落した状況を想定し，その価格変動が，理論価格が安定している他の銘柄の株価へ伝搬するかという影響を分析した．ETF の理論価格は $20/N = 10\%$ 下落する．

実験のパラメータは参考文献[7][8]を参考に設定した．また，銘柄1, 2, l は市場規模，時価総額などの点で類似していると仮定した．具体的には，各銘柄の一般トレーダー数を500，各トレーダーの初期の銘柄保有量を最大50単位，現金保有量を最大15,000単位とし，時間窓 τ^i を平均値100とした．裁定トレーダーは全銘柄について一般トレーダーと同様に初期値を持つ．また，理論価格の初期値は300とした．銘柄 $s(=1, 2, ETF)$ の一般トレーダー i の各取引戦略のパラメータ w_F^i, w_C^i, w_N^i はそれぞれの期待値(無限の数のトレーダーがいたときの平均値)が $\lambda_F^s, \lambda_C^s, \lambda_N^s$ となるように各トレーダーにランダムに割り振る．そして，$\lambda_F^s = 0.0, 0.3, 0.6, 0.9$, $\lambda_C^s = 0.0$,

---

[10] より具体的には，ノイズ項は平均0，分散 $(\sigma_\varepsilon^s)^2$ の正規分布に従う．

第5章　強靭な金融システム

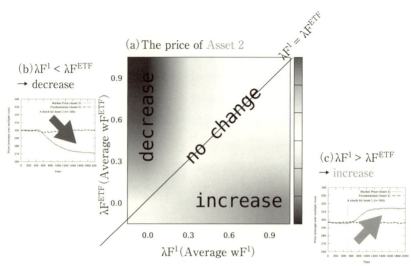

（参考文献[19]をもとに作成）

図 5.1 (a) λ_F^1 および λ_F^{ETF} を変化させたときの銘柄 $s=2$ の市場価格 p_t^2 が理論価格 p_t^{s*} から乖離した量，(b) $\lambda_F^1 = 0.9$, $\lambda_F^{ETF} = 0.0$ の場合の p_t^2 と p_t^{s*} の例．(c) $\lambda_F^1 = 0.0$, $\lambda_F^{ETF} = 0.9$ の場合の p_t^2 と p_t^{s*} の例

0.3, 0.6, 0.9，$\lambda_N^s = 0.9$ の範囲で，各銘柄 $s = 1, 2, I$ の $\lambda_F^s, \lambda_C^s, \lambda_N^s$ のすべての組合せについてシミュレーションを行った．

不安定性伝播の指標として，理論価格に急激な下落がない方の銘柄 $s=2$ の市場価格 p_t^2 が理論価格 p_t^{s*} から乖離した量を図 5.1(a) に示す．ここで λ_F^2 と $\lambda_G^s (s=1, 2, ETF)$ について平均化した量を示している．

このシミュレーション結果より明らかになったことは，高頻度裁定取引による市場不安定性の伝播は，一般トレーダーの理論価格への感度がどの市場で相対的に高いのかということに依存して決まることである．銘柄 1 の市場での一般トレーダーの理論価格への平均感度と ETF 市場での平均感度が同程度の場合 $\left(\lambda_F^1 = \lambda_F^{ETF}\right)$ は，銘柄 1 の理論価格の急激な下落の影響は銘柄 2 にほとんど見られなかった（図 5.1(a) の斜め 45 度線のあたり）．それに対して，ETF 市場の一般トレーダーのほうが理論価格への感度が高い場合 $\left(\lambda_F^1 < \lambda_F^{ETF}\right)$ は，図 5.1(b) にあるように，銘柄 2 の市場価格が下落する影響伝播が見られた（図 5.1(a) の左側）．これは ETF の市場価格が銘柄 1 よりも

早く理論価格の下落の影響を受けて下がったからである．このとき，平均株価 I_t が ETF の市場価格に比べて割高になって，裁定取引トレーダーによって銘柄 $s=1, 2$ が売られ ETF を買う注文が行われたからである．逆に，銘柄 1 の市場の一般トレーダーのほうが理論価格への感度が高い場合 $\left(\lambda_F^1 > \lambda_F^{ETF}\right)$ は，図 5.1(c) にあるように，銘柄 2 の市場価格が上昇する影響伝播が見られた (図 5.1(a) の右側)．この場合は，裁定取引トレーダーによって銘柄 $s=1, 2$ を買って ETF を売る注文が行われたからである．

このように複数資産人工市場モデルに高頻度取引するエージェントを参加させるシミュレーションによって，裁定取引が突発的な価格下落から他の銘柄への不安定性が伝播するメカニズムを示唆することができた．

5.3 リスク管理の導入による市場の不安定性の増加

VaR (Value at Risk) とは，「ある金融機関が保有する資産の価値が下落する危険性がどれぐらいあるか」を示すリスク指標の 1 つである．VaR は，

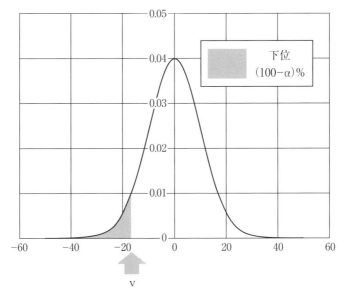

図 5.2 価格変動の分布と VaR

過去のデータと統計手法を用いて，一定の確率の範囲内 α での保有資産の予想最大損失(最小リターン)として定義される．具体的には例えば，ある資産の価格変動(リターン：return)の分布が図 5.2 のような単峰形の分布 $D=f(R)$ により与えられていたとする．ここで，横軸は価格変動 R であり，また，$R\leq r,\ D\leq f(R),\ D\geq 0$ の 3 条件すべてを満たす領域の面積は，r より低い価格変動 R が生じる確率 $Pr(R\leq r)$ を表す．このとき，信頼区間 α% の VaR は，赤い部分の面積 $Pr(R\leq v)$ が $Pr(R\leq v)=100*(1-\alpha)$ となるような価格変動 v により与えられる．

本節では，保有資産の組合せ(ポートフォリオ：portfolio)最適化を行うエージェントを用いて，VaR を用いたリスク管理の普及が複数財を扱う連続ダブルオークション市場に与える影響について調査する．

5.3.1 VaR によるリスク管理

市場リスク管理において VaR はすでにデファクトスタンダード(de facto standard)ともなっている[23]．実際例えば，2005 年に改訂されたバーゼル規制(バーゼル II)[11]では，銀行への自己資本比率規制を満たす市場リスクの計算のために VaR を用いることが許可されている[2][12]．

しかし，参考文献[4]はバーゼル規制に従う銀行が資産市場での価格変動が激しい時期に資産市場で高市場リスク資産の売却・購入手控を行う可能性があることを指摘しており，こうした行動を起こす可能性はバーゼル規制に従う銀行だけに限らず VaR によるリスク管理を行う資産市場参加者全員にあると考えられる．そのため，資産市場参加者への VaR によるリスク管理の普及は，逆に，資産市場の価格をさらに下落・変動させる原因となり資産市場を不安定化させる可能性がある．実際例えば，2003 年夏に起きた 10 年物の日本国債の金利の急上昇は VaR を用いてリスク管理を行っていた銀行による国債の一斉売却が原因だと言われており，この急上昇は VaR ショッ

---

11 1988 年，バーゼル銀行監督委員会は，システミックリスク(systemic risk)により生み出される国際金融システムの不安定化を防ぐために，国際業務銀行の自己資本比率に関する規制導入に合意したこうして導入された銀行規制の国際統一基準をバーゼル規制と呼ぶ．

クと呼ばれている[33][36]．そこで本節では参考文献[4]が指摘したケースに着目し，ポートフォリオ最適化を行うエージェントを用いて，VaRによるリスク管理の普及が複数財を扱う連続ダブルオークション市場に与える影響について分析した研究を紹介する[34]．

5.3.2 人工市場モデルの枠組み

今回の人工市場では，G個の資産市場($G=1, 2, 3, 4$)は銘柄1から銘柄GまでのG種類の銘柄から構成される．市場には，以下の4タイプのトレーダー（エージェント）が存在する．

① タイプ1　リスク管理なし単一財トレーダー：1種の銘柄だけを取引し，VaRによるリスク管理を行う．

② タイプ2　リスク管理なし複数財トレーダー：種の銘柄すべてを取引

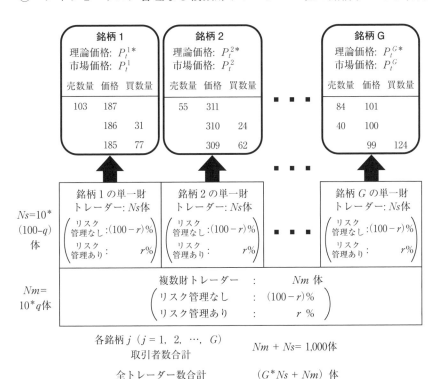

図5.3　VaRによるリスク管理モデルの概要

し，VaRによるリスク管理を行わない．
③ タイプ3 リスク管理あり単一財トレーダー：1種の銘柄だけを取引し，VaRによるリスク管理を行う．
④ タイプ4 リスク管理あり複数財トレーダー：G種の銘柄すべてを取引し，VaRによるリスク管理を行わない．

各銘柄 $j(j=1, ..., G)$ の取引にはそれぞれ1,000体のトレーダーが参加している．各銘柄でのリスク管理ありトレーダーの比率をr，複数財トレーダーの比率をqとする．このとき，各銘柄における各タイプの比率（パーセンテージ）は，$\{$タイプ1の比率，タイプ2の比率，タイプ3の比率，タイプ4の比率$\} = \{(1-r)(1-q), (1-r)q, r(1-q), rq\}$ となる．ここで，各銘柄を取引している複数財トレーダーは全員全銘柄で同一のトレーダーである．そのため，各銘柄での単一財トレーダーの数N_sと複数財トレーダーの数N_mはそれぞれ，図5.3(p.111)のようになる．本モデルでは，rとqを変化させたときの，VaRによるリスク管理がG財の資産市場に与える影響について分析を行っている．

(1) 市場

本モデルでは，前節のエージェントモデルを，複数財市場でポートフォリオ最適化を行う形に拡張する．シミュレーションの各ステップで，ランダムに選ばれたエージェントが各銘柄の将来株価変動（リターン）を前節の一般トレーダーと同様の式で予測する．期待リターンにもとづいていくつかの銘柄に売買注文を行い，連続ダブルオークションによる価格が決定する．

ステップが進んで各銘柄に平均1個ずつの注文が入ったとき，つまり注文の総数がG個以上になった時点で次の時間単位ラウンドへ進む．ラウンドとは各エージェントが価格更新を認識できる最小の時間単位とする．各銘柄jのラウンドTにおける理論価格 P_T^{j*} は，その対数リターンが，各銘柄間で無相関なランダムウォーク（多変量正規分布）に従うように設定した．各銘柄の初期状態での理論価格と市場価格はそれぞれ400円，理論価格は標準偏差（一度の値動きの標準的な大きさ）が0.0005円となるようなランダムな値動きを取るものとした．

5.3 リスク管理の導入による市場の不安定性の増加

(2) 取引戦略

本モデルにおける市場参加者はさきほどの4タイプのトレーダーである．トレーダーは全員，2種類のポートフォリオを持つ．1つは現在ポートフォリオ，もう1つは最適ポートフォリオである．銘柄1から銘柄 M の M 種類の銘柄を扱う各トレーダーの現在ポートフォリオは，そのトレーダーの現時点での銘柄 $j(j=1, ..., M)$ の保有量を要素とする M 次元のベクトルとして定義される．ここで M は，単一財トレーダー(タイプ1と3)では $M=1$，複数財トレーダー(タイプ2と4)では $M=G$ である．$G=1$ では単一財トレーダーと複数財トレーダーの間に違いは一切存在しない．

現在ポートフォリオは，そのトレーダーの注文が市場により約定されたときに更新される．各トレーダーによる注文は以下の手順で行われる．まず各トレーダーは各銘柄の注文をする前に，これまでに自分が注文した未約定の注文すべてをキャンセルする[12]．そしてその後，自分の現在ポートフォリオが自分の最適ポートフォリオと等しくなるように各銘柄の注文量(売数量・買数量)を決定し，各銘柄に指値注文を行う．指値注文の注文価格は，参考文献[7][19]の方法で計算された各銘柄の市場価格の期待値である．

最適ポートフォリオは，150ラウンドごとに，予算制約と空売り制約(財の保有量に関する非負制約)という2つの(線形)制約の下で，参考文献[14]の平均分散アプローチにもとづき計算・更新がなされる．ポートフォリオの期待リターンとリスクの間には「一方が一定以上大きく(小さく)なればもう一方も一定以上大きく(小さく)なる」というトレードオフの関係が存在するが，参考文献[14]の平均分散アプローチでは，両者のバランスを取りつつ，ポートフォリオのリスクの値をできるだけ小さく保った状態でポートフォリオの期待リターンがより大きくなるように，最適ポートフォリオは計算される[13]．

(3) VaR によるリスク管理

リスク管理ありトレーダー(タイプ3と4)は，VaR を用いて自身のポー

---

[12] トレーダーの総資産額が市場で扱われている銘柄中の最小価格を下回った場合には，そのトレーダーは破産したものと見なし，そのトレーダーに取引をさせないようにした．

フォリオのリスクを計算し，自身の自己資本とポートフォリオのリスクの比(自己資本比率)が一定の閾値を下回ると，自身の取引戦略よりもリスク管理のための行動(以下，リスク管理行動)を優先すると想定した．つまり，リスク管理ありトレーダーは，ポートフォリオのリスクを吸収し得る十分な自己資本を持たない場合にのみリスク管理行動を取るものとした．

リスク管理ありトレーダーも，リスク管理なしトレーダーと同様，最適ポートフォリオと現在ポートフォリオという2種類の最適ポートフォリオを持つ．これらのポートフォリオのどちらかで計算した自己資本比率が一定の閾値を下回り，どちらかのポートフォリオがリスク管理対象となった場合にのみ，リスク管理ありトレーダーはリスク管理行動を取る．

リスク管理ありトレーダーは，自身の取引戦略に従い計算した最適ポートフォリオがリスク管理対象となると，予算制約と空売り制約(財の保有量に関する非負制約)，自己資本比率規制(自己資本比率が一定の値以上になる)という3つの(線形)制約の下で，リスク管理行動実行時用の最適ポートフォリオを計算し，それと自分の現在ポートフォリオが等しくなるように各銘柄の注文量(売数量・買数量)を決定する．

一方，現在ポートフォリオがリスク管理対象となった場合，リスク管理ありトレーダーは注文方式を指値注文から成行き注文に変更して注文を行う．これは，約定を起きやすくさせて，自身の現在ポートフォリオが自身の最適ポートフォリオになる時期を早めるためである[14]．

13　なお，参考文献[14]の平均分散アプローチにもとづいて最適ポートフォリオを計算する場合，ポートフォリオの期待リターンとリスクのバランスを取るために計算時に，ポートフォリオを構成する各資産jの期待リターンμ_{TP}^{ij}と各資産間のリスクの関係性を表す分散共分散行列σ_{TP}^{ij}の2つが必要となるが，μ_{TP}^{ij}は参考文献[7][19]と同様の方法で，過去τ_i期分の150ラウンドごとの対数市場リターンの時系列を用いて計算した．σ_{TP}^{i}としては，対数市場リターンの時系列から計算した分散共分散行列と理論価格の対数リターンの時系列から計算した分散共分散行列を平均して得た行列を用いた．σ_{TP}^{i}をこのような形で計算したのは，対数市場リターンの時系列から計算した分散共分散行列をそのまま用いると，「市場価格が途中で静止してしまう」という現象が稀にではあるが過去見られたからである．
14　リスク管理ありトレーダーが自身の現在ポートフォリオがリスク管理対象になったときに成り行き注文を行い，自身の現在ポートフォリオが最適ポートフォリになる時期を早めようとするのは，現在ポートフォリオをリスク管理対象外にするためであり，また，最適ポートフォリオはリスク管理対象外だからである．

5.3.3 結果と考察

リスク管理ありトレーダーの各銘柄での比率(パーセンテージ)r と，複数財トレーダーの各銘柄での比率(パーセンテージ)q を互いに独立に操作し，VaR によるリスク管理が連続ダブルオークションメカニズムに従う G 財資産市場に与える影響について分析している[15]．「VaR によるリスク管理が各 G 財資産連続ダブルオークション市場($G=1, 2, 3, 4$)にどのような効果を与えるか」を，$q=100$(全員が複数財トレーダー)という条件の下でリスク管理ありトレーダーの比率(パーセンテージ)$r=0, 1, 5, 10, 20$ に設定してシミュレーションを行った．VaR によるリスク管理が市場に与える影響を見るための指標としては，各パラメータセットでの1銘柄辺りのスパイク数の平均 N_{DV} を使用した．ここで，各ラウンド T での市場価格と理論価格の乖離度を DV_T とすると，スパイク数とは「乖離度 DV_T が $DV_T \leq -0.5$ を満たした回数」のことである．

シミュレーションは1パラメータセット辺り20試行ずつ行い，各試行は，理論価格だけを 30,000 ラウンド動かした後に 300,000 ラウンド市場を動かした．そして，市場を動かしている間だけ各銘柄各ラウンド T での乖離度 DV_T[16] を求め，そこから N_{DV} をパラメータセットごとに求めた[17]．

また，初期状態では，各トレーダーの初期資産についてはそれぞれ，表 5.1 のように設定した．このような初期資産にしたのは，市場全体での各銘柄の総取引量と現金の総額が G にかかわらず，一定になるようにするためである．

図 5.4 は，シミュレーション実験の結果である．横軸は複数財トレーダーの比率(パーセンテージ)$r=0, 1, 5, 10, 20$，縦軸は「乖離度 DV_T が $DV_T \leq -0.5$ となった回数」の1銘柄辺りの平均 N_{DV}，各系列は市場で扱われる

---

[15] なお，これらのパラメータ空間を調査する際，われわれは，コンピュータ・シミュレーション用の探索ソフトである参考文献[16]を使用した．

[16] 各試行で，市場を動かす前に 30,000 ラウンドの間理論価格だけを動かしたのは，トレーダーがポートフォリオ最適化計算をするには，一定期間の過去の対数リターンの時系列データが必要だからである．

[17] 言い換えれば，本稿で得られた各パラメータセットでの N_{DV} とは，「そのパラメータセットの全20試行 $\times G$ 銘柄 $\times$ 300,000 ラウンド($=6,000,000*G$ ラウンド)中で $DV_T \leq -0.5$ となった回数の総計を G で割ったもの」である．

第5章 強靭な金融システム

表5.1 銘柄 j を扱う単一財トレーダーの初期資産

銘柄 j の初期保有量	50個
現金の初期保有額	15,000円
初期総資産額	15,000 + 400×50円

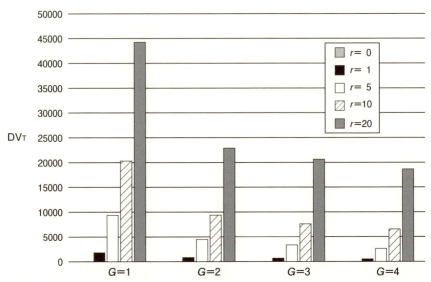

図5.4 VaRによるリスク管理が G 財資産連続ダブルオークション市場に与える効果

財の種類の数 $G=1, 2, 3, 4$ である．

図5.4を見ると，G の値にかかわらず，複数財トレーダーの比率（パーセンテージ）r が増加すると N_{DV} が増加していることがわかる．つまり，VaRによるリスク管理の導入は逆に市場を不安定化させている．また，G による結果の違いを見ると，G の増加に伴い N_{DV} が減少していく傾向が見て取れる．そのため，この結果は，VaRによるリスク管理が持つ市場への不安定化効果は取引をする財の種類を増加させることで抑えられる可能性をも示唆している．このように，リスク管理の導入が市場の安定性に与える影響は，複数資産の取引によって変化し得ることを，本モデルによって明らかにした．

5.4 第5章のまとめ

これからは，個別の金融機関のリスク管理に加え，金融システム全体のリスク把握が重要である．そのために金融システムを複雑系として捉えマルチエージェントシミュレーションを用いた人工市場の研究や，金融システム全体を複雑ネットワークとして捉える研究などが必要となる．それにより，実体経済と金融市場，金融機関行動の相互連関を意識して，金融システム全体の抱えるリスクを分析し，そうした評価にもとづいて意識的な制度設計，政策対応を行っていく必要がある．今後，蓄積された大規模な金融データを反映するなどして，より複雑な金融リスクを分析するためのモデル構築が期待される．

第5章の参考文献

[1] O.Baqueiro, W. Van der Hoek, P.McBurney : "The performance of option-trading software agents : Initial results," *Artificial Markets Modeling*, Springer, 2007, pp.113-125.

[2] BCBS : "Basel ii : International convergence of capital measurement and capital standards : A revised framework – comprehensive version," 2006, accessed : 2016-08-31.

[3] I.Ben-David, F.Franzoni, R.Moussawi : "Do ETFs increase volatility?" *Working Paper 20071*, The National Bureau of Economic Research, 2014.

[4] H.Benink, J.Daníelsson, Ásgeir Jónsson : "On the role of regulatory banking capital," *Financial markets, institutions & instruments*, Vol.17, No.1, 2008, pp.85-96.

[5] R.Bookstaber : "Volatility paradox, 2011," accessed : 2017-03-29.

[6] C.Wang, K.Izumi, T.Mizuta, S.Yoshimura : "Investigating the impact of trading frequencies of market makers : a multi-agent simulation approach," SICE Journal of Control, *Measurement, and System Integration*, Vol.6, No.3, 2013, pp.216-220.

[7] C.Chiarella, G.Iori : "A simulation analysis of the microstructure of double auction markets," *Quantitative Finance*, Vol.2, 2002, pp.346-353.

[8] C.Chiarella, G.Iori, J.Perello : "The impact of heterogeneous trading rules on the limit order book and order flows," *Journal of Economic Dynamics and Control*, Vol.33, No.3, 2009, pp.525-537.

[9] V.Darley, A.V.Outkin : "A NASDAQ Market Simulation : Insights on a Major

Market from the Science of Complex Adaptive Systems," *World Scientific*, 2007.
[10]　S.Ecca, M.Marchesi, A.Setzu : "Modeling and simulation of an artificial stock option market," *Computational Economics*, Vol.32, No.1-2, 2008, pp.37-53.
[11]　C.Grudzinski : "ETF arbitrage may be driving market volatility," The Street, 2012, accessed : 2017-03-29.
[12]　O.Hermsen : "Does Basel ii destabilize financial markets? an Agent-based financial market perspective," *The European Physical Journal B*, Vol.73, No.1, 2010, pp.29-40.
[13]　S.Kawakubo, K.Izumi, S.Yoshimura : "How does high frequency risk hedge activity have an affect on underlying market? Analysis by artificial market model," *JACIII*, Vol.18, No.4, 2014, pp.558-566.
[14]　H.Markowitz : "Portfolio selection," *The journal of finance*, Vol.7, No.1, 1952, pp.77-91.
[15]　D.Massaguer, V.Balasubramanian, S.Mehrotra, N.Venkatasubramanian : "Multi-agent simulation of disaster response," *First international workshop on agent technology for disaster management*, 2006, pp.124-130.
[16]　Y.Murase, T.Uchitane, N.Ito : "A tool for parameter-space explorations," *Physics Procedia*, Vol.57C, 2014, pp.73-76.
[17]　Y.Sannikov, M.Brunnermeier, et al. : "A macroeconomic model with a financial sector," *2012 Meeting Papers, Society for Economic Dynamics*, No.507, 2012.
[18]　E.Senft : "How many markets do you trade simultaneously?" 2013, accessed : 2017-03-29.
[19]　T.Torii, K.Izumi, K.Yamada : "Shock transfer by arbitrage trading : analysis using multi-asset artificial market," *Evolutionary and Institutional Economics Review*, Vol.12, No.2, 2016, pp.395-412.
[20]　M.Wiering, et al. : "Multi-agent reinforcement learning for traffic light control," *ICML*, 2000, pp.1151-1158.
[21]　H.C.Xu, W.Zhang, X.Xiong, W.X.Zhou : "An agent-based computational model for china's stock market and stock index futures market," *Mathematical Problems in Engineering 2014*, 2014, p.563912.
[22]　岩井浩一：「金融システムのリスクに関する新しい見方」,『野村資本市場クォータリー』, 野村資本市場研究所, 2013年.
[23]　森本祐司(監修), 栗谷修輪(著), 久田祥史(著)：『市場リスク・流動性リスクの評価手法と態勢構築』, 一般社団法人 金融財政事情研究会, 2015年.
[24]　水田孝信, 早川聡, 和泉潔, 吉村忍：「人工市場シミュレーションを用いた取引市場間におけるティックサイズと取引量の関係性分析」,『JPXワーキング・ペーパー』, 日本取引所グループ, Vol.2, 2013年.

[25] 水田孝信, 則武誉人, 早川聡, 和泉潔：「人工市場シミュレーションを用いた取引システムの高速化が価格形成に与える影響の分析」,『JPX ワーキング・ペーパー』, 日本取引所グループ, Vol.9, 2015 年.
[26] 水田孝信, 八木勲, 和泉潔：「株式市場急落後の反発に関する分析シミュレーション研究との比較」, 第 7 回ファイナンスにおける人工知能応用研究会, 2011 年.
[27] 水田孝信, 和泉潔：「人工市場シミュレーションを用いたバッチオークションの分析」,『JPX ワーキング・ペーパー』, 日本取引所グループ, Vol.17, 2016 年.
[28] 草田裕紀, 水田孝信, 早川聡, 和泉潔：「保有資産を考慮したマーケットメイク戦略が市場間競争に与える影響：人工市場アプローチによる分析」,『JPX ワーキング・ペーパー』, 日本取引所グループ, Vol.8, 2015 年.
[29] 草田裕紀, 水田孝信, 早川聡, 和泉潔, 吉村忍：人工市場シミュレーションを用いたマーケットメイカーのスプレッドが市場出来高に与える影響の分析」,『JPX ワーキング・ペーパー』, 日本取引所グループ, Vol.5, 2014 年.
[30] 大井朋子：「エージェントシミュレーションを用いた「価格規制」と「ネイキッド・ショート・セリングの禁止」の有効性の検証」,『金融庁金融研究研修センター FSA リサーチ・レビュー』, 2013 年.
[31] 田渕直也：『[入門] 金融の仕組み』, 日本実業出版社, 2014 年.
[32] 藤井眞理子, 高岡慎：「金利の期間構造とマクロ経済：Nelson-Siegel モデルを用いた実証分析」,『金融庁金融研究研修センター FSA リサーチ・レビュー』, 2007 年, pp.219-248.
[33] 福田善之, 今久保圭, 西岡慎一：「国債市場間の国際的な連関とわが国銀行の市場リスク」, 2011 年.
[34] 米納弘渡, 和泉潔：「人工市場を用いた自己資本比率規制にもとづく市場リスク管理が複数資産市場に与える影響の分析」,『JPX ワーキング・ペーパー』, 日本取引所グループ, Vol.18, 2016 年.
[35] 和泉潔：『人工市場 市場分析の複雑系アプローチ』, 森北出版, 2003 年.
[36] 角間和男：「日本国債市場の流動性構造と執行コスト：電子取引プラットフォームにおける引き合いデータの分析と考察(特集市場流動性について)」,『証券アナリストジャーナル』, 日本証券アナリスト協会, Vol.50, No.9, 2012 年, pp.42-53.

第6章

インフラ整備プロジェクトの
レジリエントな制度設計

　鉄道や高速道路などのインフラの建設，サービスの提供において民間企業のノウハウを生かして官民で進めるPPP（Public Private Partnership）事業が世界で広がっている．本章においては，インフラPPP事業に関するリスクファクターを抽出し，バンコク第2高速道路プロジェクトおよび台湾高速鉄道プロジェクトの2つの事例を用いて，ポリティカルリスクの定量化とレジリエントな入札制度に関する定量的分析手法について解説する．また，PPP事業に関するステークホルダー全体の相互関係を勘案したレジリエントなシステム分析手法について検討する．

6.1　新興国でのインフラ整備事業とその背景

　経済産業省によるとアジア諸国における2011年～2020年のインフラ投資に対するニーズは約8兆ドルあり，その内訳は電力発電事業などのエネルギー関係が51％，道路や鉄道などの交通関係が31％，通信インフラ関係が13％，水・衛生関係が5％となっている[1]．例えば，経済成長が著しいインドにおいては電力供給能力がピーク時の8割程度しかないことから停電が日常茶飯事となっている．また道路や鉄道などのインフラの整備が遅れており，メーカーが進出する際に足かせになっている．その一方で，今後も需要が拡大するインフラの整備を行っていくために必要となる資金はインド政府の予算をはるかに超えており，インフラ整備に対する民間資金への期待が大きい．日本企業にとってみるとこれは大きなビジネスチャンスであり，インフラ輸出は官民をあげて取り組むべき事項として政府の成長戦略においても取り上げられている．

　鉄道や道路交通，上水道・下水道といったインフラサービスは，本来，公共事業として国が行うべき事業である．しかし，イギリスやフランスなどで

第6章　インフラ整備プロジェクトのレジリエントな制度設計

はこれらの事業を民間が請け負う官民連携（PPP：Public Private Partnership）と呼ばれる形態での運営が進んだ．公共事業としてのサービスの提供責任は国にあるが，その運営は国自身が行うより専門事業者に委託したほうが効率的であり，税金の使い方としても有効であるという考え方にもとづいている．特にインフラ輸出の相手国として注目されているインドやベトナムなどの新興国は，政府において公共サービスを効率的に運営するノウハウがないのと同時に，国家としての財政制約から，公共投資のみでは十分なインフラ整備が進まないという状況にある．このような理由から，インフラ投資にあたっての民間資金の活用，つまりPPP方式でのインフラ整備に対する期待は新興国において特に高い．

このように新興国におけるPPP方式のインフラ整備は，出資サイドの民間企業，受け手である相手国政府の双方によって魅力的なスキームといえるが，その一方で大きなリスクを伴う事業である．官民で事業主体である特定目的会社（SPC：Special Purpose Company）が設置されて，事業運営にあたることになるが，プロジェクト初期に大きな建設費が発生し，それを30年〜40年，場合によってはより長い契約期間（コンセッション期間）で回収するビジネスとなる．

建設費は，数十億円程度の小さいものから，高速鉄道のように大規模なプロジェクトになると1兆円を超えるプロジェクトとなる．この資金の大部分をプロジェクトファイナンスによって調達することになるので，事業運営のコストにしめる借入金返済の割合が非常に高くなる．かつ，長期間のプロジェクトとなるので，経済的環境の変化，天災などの自然災害，対象国のポリティカルリスクなど，さまざまなリスクを管理することが必要となる．

インフラビジネスにおけるリスク管理の難しさは，多様なリスクが併存することとともに，それぞれが複雑に関連しており，システミックな不確実性の評価が必要になることにある．例えば，鉄道や高速道路などのサービスは公共事業として提供されるものなので，その料金（運賃や通行料）は官サイドの認可が必要となる．官サイドとしては公共サービス向上の観点からこの料金を低く設定する誘因が強く働く一方で，民サイドとしては，一般的に価格弾力性が低いインフラサービスの料金は，事業採算性の観点から高く設定す

るのが合理的である．後ほど事例として取り上げるバンコク高速道路プロジェクトにおいては，政権交代によってインフラに従って料金の値上げといった契約が守られないという事象が生じたが，これは官民双方のインセンティブの齟齬に端を発するものである．つまり，インフラビジネスの事業性は，純粋な経済的なリスクだけでなく，ポリティカルリスクも関連した複合的リスクとして捉える必要がある．

　また，上記のポリティカルリスクのように，事前にリスク分析を行って予防的な対策を講じることが困難な不確実性が，事業採算性に大きな影響を与えることを認識する必要がある．つまり，負の不確実性が顕在化した場合のダメージの最小化を考えたレジリエントな制度設計が必要なのである．また，レジリエントな制度設計は，インフラ事業に対する出資者サイド（民サイド）のみならず，公共事業の当事者である官サイドにも重要となる．官サイドは公共事業を安定的に供給する責務があり，最悪のケースとして撤退というオプションを持つ民サイドと異なり，公共サービスの停止をなるべく避けないといけない．したがって，何らかの要因によって運営主体（SPC）の事業継続が困難になった場合，政府が救済措置を講じることが多い．政府が自らのポケットでインフラ事業のレジリエンシーを確保しているともいえるが，その際にはなるべくトータルコストを抑える制度設計を考える必要がある．

　本章においては，新興国における官民インフラ事業について，官民双方によってレジリエントな制度設計をどのように実現するか，事例研究をベースに述べる．まず，インフラサービスに関するPPP事業の形態について説明し，さらにその事業に伴うリスクファクターと官民のリスク分担の基本的な考え方について述べる．次に，2つの具体的な事例（バンコク高速道路プロジェクト及び台湾高速鉄道プロジェクト）を取り上げ，ポリティカルリスクの評価手法としてのリアルオプションの考え方，PPP事業の入札方式に関するレジリエントな制度設計について述べる．最後に，これらの事例研究の考察として，レジリエントなシステム設計に向けた検討について述べる．

6.2 インフラ輸出の事業形態とリスクファクター

インフラサービスに関するPPP事業はBOT(Build, Operate and Transfer)という方式が取られることが多い.これは,政府機関が民間の事業者に対して,インフラ設備の建設・工事(Build)と運営(Operate)を委託し,民間事業者は事業終了時に設備の所有権を国に移転する(Transfer)という形態となる.事業期間は30年～40年と長期間にわたるプロジェクトとなり,キャッシュフローで見ると建設・工事のタイミングで大きな支出があり,それを長期的に運営による収入で取り返すというリスクの高いビジネスとなる.BOT事業の実施に当たっては,通常当該プロジェクトを行うためのSPCが設立され,この会社に対する出資者,事業に対するプロジェクトファイナンスを提供する債権者,発注主体である公的機関,設備を提供するプラント会社など多くの利害関係者が存在するプロジェクトとなる.このようにインフラサービスに関するPPP事業は,長期間にわたり,かつ多数の関係者によって構成される大規模で複雑なシステムということがいえる.

図6.1はPPP事業に関する典型的な組織構成である.まず,公共サービス

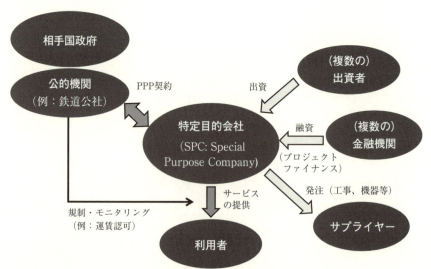

(出典) 元橋一之:『グローバル経営戦略』,東京大学出版会,2013年.

図6.1 PPPの事業

6.2 インフラ輸出の事業形態とリスクファクター

の提供主体である政府，あるいは公的機関(鉄道事業の例でいうと鉄道公社などの事業運営機関)が存在する．この政府(または公的機関)がインフラ事業を行うために設立されたSPCとの間でPPP契約を締結し，官民で事業を実施することとなる．PPP契約の形態としてはBOTという方式が取られることが多い．事業の運営については，政府との契約に従って，鉄道サービスなどの公共サービスを一般利用者に提供することになるが，安全規制や料金認可などの規制に従って行うこととなる．

　SPCは，複数企業のジョイントベンチャーとなることが多く，出資企業からの資本金の他に，金融機関からプロジェクトファイナンスを受けて，事業全体のキャッシュフローを管理する．また，SPCは，建設会社や機器メーカーなどにサプライヤーに対して，建設工事や設備の発注を行い，インフラ設備を整備し，事業運営のフェーズに入ると専門の運営会社に事業を委託することがある．鉄道ビジネスに関するアルストム，ボンバルディア，水ビジネスに関するベオリア，スエズといったインフラ事業を手掛ける企業は，機器メーカーや事業運営の専門会社などのサプライヤーであり，これらの企業がSPCの出資者となることが多い．

　インフラ整備や公共サービスの提供について，政府(または公的機関)が公共工事の形態で直接サプライヤーに発注し，鉄道公社や道路公社などの公的機関が事業運営を行う通常の形態と比較して，PPP事業は，資金調達や事業リスクを官民で分担し，より高いパフォーマンスが得られることがある．特に新興国においては，インフラ整備に対するニーズに公的資金が追い付かない状況にあり，また政府機関において事業運営に関する経験が乏しいことから，民間の専門的な技術やノウハウを取り入れたPPP事業に対する期待は大きい．

　公共工事の場合は，政府がインフラ設備の仕様書を決定し，それに対して民間企業が入札を行うことになるので，アウトソースや業務委託に近い形態である．それに対してPPP契約は，インフラ設備の整備から事業の運営までのプロセスについて，民間企業における創意工夫(イノベーション)を促し，公共サービスに対する費用に対する付加価値(value for money)を高める仕組みである．これは，政府が公共サービスの提供を民間企業に対して丸

第6章 インフラ整備プロジェクトのレジリエントな制度設計

投げするということでもない．

政府としては，最終的に国民に対して安定的に質の高いサービスを提供する義務があり，民間企業の活動をモニタリングするとともに，必要に応じて事業運営に介入する必要がある．逆に，契約当初には予期しない経済状況の変化によって民間の事業主体において事業継続が困難になった場合においては，政府機関が政策的な手当や資金面で事業主体をサポートするということもあり得る．営利事業として行う民間企業と公共福祉の増進を目的とする公的機関において，事業運営にあたってある程度の方針の齟齬は致し方ないが，最終的には Win-Win の状況を実現するための官民の信頼関係の醸成は重要である．

インフラ事業の建設や運営に当たっては，経済環境の変化や災害などの一般的なリスクや工期の遅延や利用者数の減少といった事業特有のリスクが存在する．国が直接事業を行う場合はこれらのリスクすべてを国がとることになるが，官民パートナーシップによって官民でリスクの分担が可能となる．PPP 事業の付加価値は，このリスクシェアリングを最適に行うことから生まれる．

図 6.2 は，インフラ事業にかかわるさまざまなリスクについて，政府(公的機関)と事業主体である SPC のどちらが取るべきかを表にまとめたものである．プロジェクト全体をインフラ整備の段階(EPC：Engineering, Procurement and Construction)とサービスの提供段階(O&M：Operation and Management)の段階に分けている．

まず，EPC 段階においては，土地の収用リスクや行政手続きの遅れなどについては政府が負担すべきである．また，EPC 段階に入る前にシステムの設計が行われている．この設計については，新たに整備する公共サービスの内容，提供範囲，サービスレベルといった行政サイドの事業の目標をベースに専門業者がシステム設計を行うものである．この設計不備に関するリスクはやはり政府がとるべきである．一方で，EPC に関する資金調達は SPC によって行われるので，ファイナンス面でのリスクは民間サイドが負担すべきである．

また，調達や建設にあたっては，機器メーカーや建設業者に必要な作業を

6.2 インフラ輸出の事業形態とリスクファクター

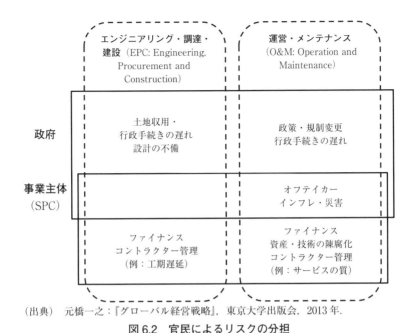

(出典) 元橋一之：『グローバル経営戦略』，東京大学出版会，2013年．
図6.2 官民によるリスクの分担

発注する必要がある．例えば，工期の遅れなどの建設に関するリスクは，やはり民間サイド(発注者のSPCと受注者の建設会社の間の契約)で取るべきものといえる．

インフラ整備が終了し，O&M段階に入るとやはり行政手続きの遅れでサービス開始時が遅くなるリスクや，PPP契約の期間内での政策や規制の変更といったポリティカルリスクが存在する．これらのリスクは政府サイドで負担するべきものである．一方で，事業を運営するSPCはPPP契約期間内に一定のレベルのサービスを安定的に供給する義務を負う．そのために専門のインフラサービス運営業者に業務を委託することがあるが，その際の契約に関するリスクは民間が負うべきものである．また，資産や技術の陳腐化，ファイナンス面でのリスクは基本的に民間サイドで負担すべきと考えられる．

O&Mの段階においては，事業の内容に応じて，官民で最適なリスク分担について検討すべきものもある．例えば，インフレや災害に関するリスクと

いった官民のどちらにおいてもコントロールできないリスクである．これらについてはPPP契約の中で，両者の分担を明確化することが一般的である．なお，災害保険を利用する場合は当該リスクが外部化され，保険料という形で事業運営費に上乗せすることが可能となる．また，O&Mの段階で重要となるのはオフテイカー（サービス利用者）リスクである．

　ただし，このリスクの大きさはインフラ事業の性質によって異なる．例えば汚水処理に関する事業は，政府や公的機関が長期的なサービス買取契約を結び，一般的に汚水の処理量が大きく変動しないので，オフテイカーリスクは小さい．一方で，鉄道ビジネスの場合は，どの程度の旅客需要があるのか，それが長期的にどのように変化するのかは正確に予測することが困難である．また，鉄道事業の場合は，通常，運賃が行政当局の認可制となり，公共的なサービスとして料金が低く抑えられる可能性が高い．したがって，大きなオフテイカーリスクが存在する．このように鉄道サービスにおいては，オフテイカーリスクが大きくなるすぎるため，予定旅客数を大きく下回った場合に政府が運営費を補助する条項（ライダーシップ条項）をPPP契約に入れるなど，政府サイドでも一定のリスクを負担することが一般的である．

　新興国においては，PPPに関する法制度が未整備であったり，行政当局における専門知識の不足から，契約の締結や事業の運営に関する交渉がスムーズに行かない場合がある．また，政治的に不安定で，政権交代などによって契約が反故にされるといったポリティカルリスクも大きい．このポリティカルリスクは特に海外の民間企業にとってはそのまま受け入れざるを得ないもので，新興国におけるインフラビジネスを考えるうえで最大のリスクファクターといえる．

　しかし，PPP事業を政府と民間企業だけの事業として見るのではなく，相手国の市民活動などのサービス受給者の意向も取り入れた分析フレームワークも存在する[2]．ここでは，政治家の選挙サイクルによって国民利益を最大化するという政府の目的にバイアスがかかるポリティカルリスクに対峙する力として市民活動を取り上げている．インドなどの民主主義国家で市民活動の力がある程度期待できるところでは，地域住民に対して良質な公共サービスを提供することで，ポリティカルリスクを小さくすることも可能である．

また，現地国における企業の社会的責任(CSR：Corporate Social Responsibility)活動なども有効な手段といえよう．

ただ，政府機関においてPPP事業に対する経験が乏しい新興国においては，図6.2でみたような官民のリスク分担は期待できないことが多い．一般的には相手国政府のモニタリングや事業に対する介入をなるべく受けない，民間の運営事業者による独立性の高い契約とすることが適当である．しかし，その場合は，民間事業者において大きなリスクを負うこととなる．

EPCフェーズにおける技術的リスクやO&Mフェーズにおける経済的リスク(インフラや為替レート変動など)については，工学的知見の蓄積や金融商品によるリスクヘッジなどによってリスク管理を行うことが可能である．しかし，ポリティカルリスクのように統計的な分析が難しい不確実性については，予防的なリスクマネジメント手法を使うことが難しい．したがって，問題が発生した際に損出を最小化するレジリエンス工学の発想を取り入れる必要がある．

6.3 ポリティカルリスクの定量化：バンコク第2高速道路プロジェクトの事例

1980年代に急成長を遂げたタイの首都バンコクにおいて，輸送手段としての自動車利用が急増し，渋滞が慢性化するようになった．そこでタイ政府は，バンコク市内から郊外(東西，北部)に伸びる高速道路を建設することとした．まず，第1高速道路(FSE：First State Expressway)が計画され，タイの高速道路公団であるETA(Expressway and Transit Authority of Thailand)自らが建設，運営にあたった．しかし，工期の遅れやコスト増大が見られたタイ道路当局のプロジェクトマネジメント能力に低さを露呈することとなった．そこで，第2高速道路(SSE：Second Stage Expressway)については，外資導入をにらんだPPP方式で検討が進んだ．入札の結果，日本の建設会社，熊谷組が中心として結成されたSPCであるBECL(Bangkok Expressway Company Limited)が事業主体となってプロジェクトが始まることとなった(事業契約日は1988年12月22日)．

第6章　インフラ整備プロジェクトのレジリエントな制度設計

　SSE の具体的な事業スキームは，図 6.3 のとおりである．事業主体である BECL の資本金 50 億バーツのうち 65% を熊谷組が出資し，それ以外の株主はタイ国内の銀行，同国の建設会社チョーカンチャン社などとなっている．また，アジア開発銀行，タイ国内の銀行などからなる銀行団から 200 億バーツのプロジェクトファイナンスを受けて合計 250 億バーツ（資金調達における負債と出資金の比率である D：E 比率は 4：1）でプロジェクトを始めた．

　タイの道路公社である ETA から，工事開始から 30 年間のコンセッション契約（工事着工日は 1990 年 3 月 1 日，2020 年 2 月 29 日までの契約）で，通行料収入については，BECL と ETA の間で一定の割合で分配する（例えば，1992 年 3 月〜2001 年 2 月までは BECL が 60%，その後徐々にその割合を下げる契約）．通行料については 1993 年に開設が予定される部分について 30 バーツとし，同時にこれと接続される FSE（第 1 高速）の料金も 10 バーツから 20 バーツに値上げされることが決まっていた．また，料金はその後 5 年ごとに CPI によるインフレ分を勘案して値上げが行われるという契約となっている．

　しかし，このプロジェクトは，ポリティカルリスクが顕在化し，SSE が開設した 1993 年の直後，1994 年に熊谷組が BECL の株主持ち分をチョーカン

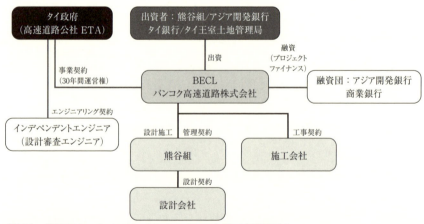

（出典）　熊谷組ホームページ：「タイ・バンコク第二高速道路」
http://www.kumagaigumi.co.jp/tech/tech_s/general/pfi/pfi1_6.html（2017.4.11 最終確認）

図 6.3　バンコク第 2 高速道路プロジェクトの事業形態

6.3 ポリティカルリスクの定量化：バンコク第2高速道路プロジェクトの事例

チャン社などのタイ資本に売却し，事業から撤退するという結末を迎えた．

入札が行われた1987年当時は，プレーム・ティンスーラーノン大将が運営している軍事政権で，その後も軍事政権が続いていた．1991年2月23日に軍事クーデターが起こり，これにより一気に政治の状況が不安定になってしまう．クーデターの後は，アナン首相が政権を獲得したが，1992年4月7日に再び総選挙を実施した結果，スチンダー・クラープラユーン大将率いる軍事政権が再び誕生した．これに対し，民主化運動が起こり，1992年5月に反政府の集会は急速にふくれあがった．この集会は主に都市中間層が起こしたものであったが，この際に，軍が市民に対して発砲し，多くの死者を出すこととなった（暗黒の5月事件）．この後，1992年9月23日に総選挙が行われ，チュワン・リークパイ首相が誕生した．バンコク第2高速道路の建設工事はまさしく，この政権交代が続いた時期に行われてきた．1992年11月にBECLがSSEの第1期工事を完了し，FSEの当時の料金である15バーツから30バーツへの値上げを要求したが，住民の反対運動が起きて，当時の政府からこの値上げは拒否された[1]．

また，この背景には，この高速道路プロジェクトの高い収益力も影響したのではないかと考えられる．契約段階での予測交通量は，FSE（第1高速）単独で，1988年16万台，1990年19万台，1992年22万台，1993年25万台であったが，実際の交通量は，1988年21万台，1990年28.5万台，1992年33.7万台，と上振れしている．高い通行料で外資系企業が運営するBECLが「儲け過ぎる」ことになるという思いがタイ市民にあったことは想像に難くない．BECLサイドは30バーツへの値上げを認めないという政府の決定に対して，ほぼ完成状態である第1期工事を停止し，道路サービス開始を行わないということで抵抗した．その結果，タイ政府はコンセッション契約の取り消しなど対抗措置が発動されたが，最終的には裁判所の判断として1994年5月にBECLの熊谷組の持ち株をタイ資本が買い取るという命令を出して事

---

[1] タイ高速道路公社（ETA）が自ら建設工事を担当した第1高速（FSE）が納期遅れやコストオーバーランに悩まされたのに対して，熊谷組が担当した第2高速（SSE）は予定どおりに道路開通までこぎつけることができた．この点では，プロジェクトマネジメント能力が高い外資系企業を巻き込んだPPT事業として進めたタイ当局の当初目標は達成できたといえる．

第6章　インフラ整備プロジェクトのレジリエントな制度設計

態の収拾が行われた．なお，その後，結局は通行料の30バーツが認められ，また，インフレの状況に応じで値上げが行われている．さらに，BECLは1995年にタイ株式市場(SET)に上場を果たしていることからも，このプロジェクトは利益率が高いものであったことを物語っている．

　ここでは，このバンコク第2高速道路プロジェクトで発生したポリティカルリスクの定量的な評価手法について検討する．まず，インフラ輸出を考える民間企業(ここでは熊谷組)が，事前のプロジェクトリスクの分析において，ポリティカルリスクを勘案する手法(通常のリスクマネジメントのスキーム)について分析を行い，その後，事後的なダメージを最小化するレジリエントな仕組みについて検討する．

　まず，プロジェクトに対する投資判断としては，通常の資本予算評価(capital budget appraisal)の手法を用いる．投資プロジェクトのキャッシュフロー予測を行い，一定の割引率で現在価値評価を算出するNPV(Net Present Value)法か，現在価値がゼロになる割引率であるIRR(Internal Rate of Return)から資本コストとの関係を評価する手法である．また，インフラ事業については，プロジェクト初期の大きな負債を長期間にわたって返済していくものとなるので，返済能力とキャッシュフローとの関係についてチェックすることも重要である．こちらは，LLCR(Loan Life Converge Ratio：債務返済に充てることが可能なキャッシュフローの現在価値と財務残高の比率)で見ることができる．なお，事業に伴うさまざまなリスクについては後ほどモンテカルロシミュレーションによって評価するため，ここでの割引率は熊谷組の企業としてのWACC(Weighted Average Cost of Capital)として計算された4.1%を用いる[2]．

　またLLCRについては，通常のインフラ事業で適用される1.5を1つの目安として考える．

　インフラ事業には，前節でみたとおり建設工事にかかる技術的なリスク，現地のプロジェクトマネジメントに関するリスク(例えば下請け業者の技術不足)，金利やインフレ率，オフテイカー(利用者)リスクなど，さまざまな

---

[2] ここでのシミュレーション結果は参考文献[3]によるものである．

6.3 ポリティカルリスクの定量化：バンコク第2高速道路プロジェクトの事例

リスクが存在する．これらのリスクファクターを取り入れてプロジェクトの事業性に関する評価を行うためはモンテカルロシミュレーション（MCS：Monte Carlo Simulation）が有効である．MCS は，プロジェクト評価に関連するさまざまなリスクファクターに一定の確率分布を仮定して，当該確率分布に従ってランダムに数値を発生させ，プロジェクトの評価指標の分布をみる方法である．なお，バンコク第2高速道路のプロジェクト契約締結時に立ち返って，10000 回の試行による MCS を行ったところ，平均プロジェクト IRR は 10.7%，平均 Equity IRR は 11.7% となり，熊谷組の WACC である 4.1% を大きく上回る事業採算性の高いプロジェクトであることがわかった．また，最小 LLCR（30 年間の期間を通じた最小の LLCR）は 2.1 と基準の 1.5 を大きく上回る値となり，債務返済の観点からも安全性の高いプロジェクトとなっている．なお，上記は平均的な事業採算性を示したものであるが，MCS によって評価指標である IRR や LLCR の結果は，やはり確率変数として算出される．ちなみに Equity IRR の 95% 信頼区間における最小値は 5.6% である．つまり 95% 以上の信頼度で熊谷組の WACC である 4.1% を上回る IRR が得られることができるリスクの低い投資となっている．

しかし，ここでの計算にはポリティカルリスクを勘案していない．さらにポリティカルリスクは発生頻度が低く，かつその損失額は明確に算定できないので，その確率分布を予想して，新たなリスクファクターとしてシミュレーションに加えることは現実的ではない．ポリティカルリスクが顕在化するプロセスについてシナリオを作って，評価モデルに組み込む必要がある．そこで，バンコク第2高速道路の事業採算性が高いプロジェクトだからこそ顕在化したポリティカルリスクに着目して，その影響度に関する定量的な評価分析を行った．つまり，利益率が高い事業に対して，行政当局がもつ行政サービス価格を引き下げようとする誘因に着目する．バンコク第2高速道路プロジェクトにおいては，5年ごとにインフレ率を勘案した通行料の引き上げが契約にも盛り込まれたが，Equity IRR が一定以上（ここでは 10%）になると引き上げが認められないというシナリオをモデルの中に組み込んだ．なお，政権交代などのリスクによって，料金契約への介入がどの程度の割合で行われるのかは，確率変数として 0% から 100% の 10% 刻みで変化させて，

第6章 インフラ整備プロジェクトのレジリエントな制度設計

この影響によって平均 Equity IRR と最小 LLCR の平均値がどう変化するかについてシミュレーション結果をまとめたものが図6.4である．

ここでの 0% の数値（Equity IRR：11.7%，LLCR：2.1）は前述したポリティカルリスクを勘案しないシミュレーション結果と一致する．行政当局の料金介入の割合が増えると平均 Equity IRR も平均 LLCR もその影響を受けて低下する．ただし，その低下割合は割合が大きくなるにつれて小さくなることに着目したい．このシミュレーションにおいては，30年間のコンセッション期間において，5年おきの料金改定は5回行われることとなる．行政当局の介入割合が増えると，料金改定が行われる可能性が低くなり，当該プロジェクトの事業採算性が低下することとなる．したがって，Equity IRR が 10% 以上になることが少なくなり，料金改定の凍結というアクションが行使される割合が低くなる．その結果，介入割合の増加に対して，その影響度は小さくなっていく．ポリティカルリスクの影響は，事業の採算性を行使価格としたいわばオプションとして働き，当初の事業計画からの上振れによる利益が削減されがちになる一方で，下振れによって事業採算性が悪化した場合は影響を受けにくいのである．

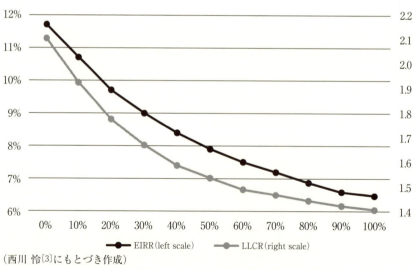

（西川 怜[3]にもとづき作成）

図6.4　ポリティカルリスクの発生割合とその影響度

このように利益率の高いプロジェクトに対する行政当局が介入する誘因は，民間サイドの事業主体によってはそれ自体がレジリエントな構造をもっており，民間サイドとしてはその特性を理解したうえでリスク発生（料金引き上げ凍結）後の対応を検討する必要がある．つまり，安易に撤退するのではなく，粘り強く事業継続を試みることで望ましい投資収益が得られる可能性が高いということである．

　それでは，採算性が高い事業のみ行政当局が介入し，逆の場合においてもネガティブなポリティカルリスクが顕在化することはないのか？　この点について，行政サイドとしては，サービスの利用者の立場に立つと常にその料金を引き下げたいという誘因をもつ．しかし，事業採算性が低いプロジェクトにおいて料金引き下げを強要すると事業そのものが立ち行かなくなる可能性が高くなる．その場合は，高速道路や鉄道などの行政サービスがストップしてしまい，利用者によってより悪い結果を引き起こすこととなる．したがって，事業採算性が高いプロジェクトに対して，より料金介入に関する誘因を持つという仮定は現実的なものと考えられる．

6.4　レジリエントな入札制度：台湾高速鉄道の事例

　官民によるインフラ事業プロジェクトは，実施主体は民間企業などが出資したSPCとなるが，契約の発注者は行政当局となる．プロジェクトの開始にあたっては，通常，公開入札によって事業者を選定するプロセスから始まる．したがって，行政サイドとしてはなるべく低いコストで質の高いサービスを提供するために，事業特性に応じた入札制度の設計を行う必要がある．プロジェクト初期の建設工事費の大部分をプロジェクトファイナンスによる借入金で手当てし，それを30年〜40年といった長期的な事業運営の中で返済していくインフラ事業の特性を鑑みると，契約期間内で事業主体が破たんしないようにレジリエントな制度設計を行うことが重要である．

　事業主体としては，入札によってプロジェクト採択を受けることを優先するがために，無理がある事業計画をもとに応札することがある．その結果として，契約期間内に事業主体が破たん寸前となり，政府が救済に入る，ある

第6章 インフラ整備プロジェクトのレジリエントな制度設計

いは公的部門が事業を引き継いで運営に直接乗り出すといった事例が数多く存在する．ここでは，そのような事例の1つとして，台湾の高速鉄道プロジェクトを取り上げて，入札制度に関するレジリエントな設計について検討する．

台湾高速鉄道は，台北から左営（高雄）までの345kmを約1時間半で結ぶ路線で，世界で最初のPPPによる高速鉄道プロジェクトである．1996年にBOT事業入札が行われ，欧州連合（フランス・ドイツ）が，JR東海などの日本連合と比べて政府支出をより抑えた計画を提示し，落札した．しかし，1998年6月3日のドイツICEでの脱線事故や1999年9月21日に発生した台湾大地震などで欧州式のシステムの安全性が疑問視され，台湾当局からの新たな要求に対して明確の対策を打ち出せなかったため再入札となった．その結果，日本の新幹線システムが車両，機械，電力の部分で採用されることとなり，台湾高速鉄道は日本と欧州の混在プロジェクトとなった．

事業主体としては，台湾高速鉄路股份有限公司（以下台湾高鉄とする）がSPCとして1999年～2033年の35年間の高速鉄道運営権，特定駅（桃園，新竹，台中，嘉儀及び台南）の開発権，50年間の駅周辺商業施設開発権を得た．総事業費5,133億元のうち1,057億元は政府支出から，残り4,076億元のうち25％あたる1,038億元を出資金として民間の台湾企業5社から調達することとし，残り75％にあたる3,038億元は現地銀行及び政府系金融機関からのプロジェクトファイナンスを受けた．なお，JR東海はコンサルタントとして事業に参画しているが，SPCに対する出資は行っていない．収益構造としては大きく分けて，乗客が払う運賃による運輸事業収益，周辺施設開発や広告事業に付随して発生する収益である関連事業収益の2つがある．

2007年1月に開業したが，その1年半後の2008年末には利子及び元本返済が不可能となり事実上のデフォルトに陥り政府の管理下で再建されることになった．赤字の原因は中間駅の多くが中心市街地から離れたところに立地しているにもかかわらず，乗り換え交通手段の整備や営業準備が遅れていることがあげられる．しかし，最も大きな要因は，計画当初の楽観的な乗客数予測にある．

例えば，当初計画は，開業初年度の予想乗客数を8万人／日としたが，実

6.4 レジリエントな入札制度：台湾高速鉄道の事例

際は4.2万人/日である．その後，30万人/日まで伸びる予測をベースに事業計画を立てていたが，東海道新幹線の東京名古屋間でも平均乗客数が40万人/日であることを考えると楽観的な予測と言わざるを得ない(2015年度の平均乗客数は13.7万人/日)．

2008年末のデフォルトを受けて台湾高鉄は政府のもとで再建され2011年には連結決算黒字を初めて達成した．政府管理下では減便や人件費カットによるコスト削減，政府系金融機関の借入金の金利引き下げなどが行われた．一旦は経営状況を持ち直したものの，一部の株主が配当金の支払いと株の買い戻しを求めて2014年に国を提訴．さらに，2015年1月7日に国民党の立法委員たちが同党の議員総会で18人の全員一致で，中華民国交通部と台湾高速鉄路公司が提出した財務改善計画を否決し，再び経営破綻の危機に陥った．台湾高鉄鉄路公司は臨時株主総会を開き，発行株の6割を減資する一方針を決め，同時に政府当局が300億台湾元を同社に追加出資する決定を行い，2度目の経営危機を乗り越えるに至っている．

台湾高鉄は経営改革やe-ticketの導入などの顧客サービス向上によって，営業黒字を出せるようになっている．しかし，5,000億元という大規模な総事業費に対して，3,000億元を銀行からの融資に頼っており，この利払いがキャッシュフローを圧迫して何度も経営危機に陥っているのである．プロジェクトの財務状況について，利用者数の確率分布の中心値を当初の予想乗客数としてモンテカルロシミュレーションで分析してみるとEquityIRRの平均値は6.6%と当初基準値9.2%よりは低いが，一定の水準は担保されている．一方で，DSCR(Debt Service Coverage Ratio：単年のキャッシュフローと利子返済額の割合)の返済期間内の最小値が1.2を上回る確率は6.3%に過ぎず，利払いが十分にできないことによる破たんの危険性が高いプロジェクトであることがわかる．さらに，前述したように予想乗客数も楽観的なものであったことから，実際はこれよりもっと厳しい状況であるとみてよい[3]．

予想乗客数はあくまで予想であって，それが下振れするという可能性はある．そのようなダウンサイドリスクが顕在化した場合に事後的に事業主体を

3　ここでのシミュレーション結果は，参考文献[5]によるものである．

第6章　インフラ整備プロジェクトのレジリエントな制度設計

救済するスキームとして一定の乗客数からの収入を保証するライダーシップ条項という制度が存在する．当初の予想乗客数から実際の乗客数が大きく下回った場合，予想乗客数の一定割合の収入は確保できるよう差額を補助金で支給するという方式である．プロジェクトの開始時に公的な資金を出資などで注入するのに比べて，事後的なダウンサイドリスクが顕在化した場合に限定した救済措置になっているため，行政コストの期待値は小さくなると考えられる．しかし，このスキームは，台湾高速鉄道も含めて多くの破たんプロジェクトで見られる予想収入を過大に見積もり，プロジェクト落札の可能性を高める事業者の誘因は排除できない．

そこで着目されている入札制度としてバサロ(Vassallo)などによって提案されているLPVR(Least Present Value of Revenue)について紹介したい[4]．この方法では，プロジェクト全体の収入の現在価値(PVR)が最も小さいプロポーザルが採択される．インフラプロジェクトのパフォーマンスは，高速道路の通行料や鉄道運賃などの収入の現在価値(PVR)から，インフラ建設費，人件費，設備補修費などの営業費用，利払いなどのコストの現在価値(PVC：Present Value of Cost)を引いたNPVで評価される．LPVRでは，応札者が見積もったPVCを超えるなるべく小さなPRCを入札価格とすることから，楽観的な事業計画で落札の可能性を上げるという行為は排除できる．また，この制度の特徴は，コンセッションの期間を最初から定めず，事業者において落札されたPVRに達した時点で契約が終了することにする．インフラ事業のキャッシュフローは，通常，サービス開始からの年を追うごとに改善する傾向にある．したがって，事業性が当初予想を上回った場合は，契約期間が短くなり，逆に何らかのネガティブはリスクが顕在化した場合，長い間事業を続けることが可能になる．事業収入は，単価(通行料，運賃など)と利用者数の掛け算になるが，①単価を固定する場合，②価格で一時的スクリーニングを行い(低い価格提示者が落札)，その価格でLPVR入札を再度行う方式，③事業採算性が低いので政府が補助金(またはSPCに対する資本投入)を行う場合で，補助金＋PVRを最小化する方式，などのバリエーションがあり，それぞれ一長一短ある．ここではその詳細については述べないが，PPP事業の発注者サイドにおける事業継続性(レジリエンシー)を担保するための入札

制度として検討に値する方式といえる[4].

6.5 考察：レジリエントなシステム設計に向けて

　本章では，高速道路や鉄道などのインフラビジネスにおける官民連携プロジェクト(PPP)に焦点を当てて，さまざまなリスクファクターの洗い出しと官民のリスクシェアリングのあり方について述べた．また，バンコク第2高速道路と台湾高速鉄道の2つの具体的なプロジェクトを取り上げて，民サイドから見たポリティカルリスクの定量化と行政サービスの提供者である官サイドからみたサービスの持続的提供をめざしたレジリエントな入札制度設計について検討を行った.

　シカゴ大学のナイト(Knight)教授は，リスクと不確実性の違いを将来における不確実性(uncertainty)のうち，ある程度予見可能であり事前の対策が可能であるものをリスク(risk)と説明した[7]．本章で用いたモンテカルロシミュレーションはリスク評価手法の1つであるが，リスク変数に対して事前の確率分布を与えて，評価指標(ここではインフラ事業プロジェクトのNPVなど)に対する影響度を見ることを目的としている.

　例えば，インフレ率の変動(リスク)は，過去のデータからある程度の予測が可能である．また，経済モデル分析を行えば，過去のトレンドだけでなく，経済の構造的な変化を勘案したインフレリスクの予測も不可能ではない．一方で，バンコク第2高速道路の事例でみたように，政権交代による当初契約の保護といったポリティカルリスクは，確率論で論じることは難しい．ポリティカルリスクは，リスクというより，むしろ政治的な不確実性といったほうがより正確なワーディングといえる．このような不確実性に対する対応としては，事前のリスクマネジメントより，事後的な損失を最小化する，あるいはダメージからの速やかな回復を可能にするレジリエントな制度設計が有効である．本章においては，政権交代といった不確実性による経済

4　LPVRの詳細については，p.138で述べた参考文献[4]のほか，参考文献[6]などを参照されたい.

第6章 インフラ整備プロジェクトのレジリエントな制度設計

的な損失メカニズムをモデルに組み込んで，モンテカルロシミュレーションを行い，行政当局のサービス料金への介入といった事象に関するレジリエンシー評価を行った．

ただし，ここでの視点はインフラ事業に参画する事業者からのものであり，行政当局やプロジェクトファイナンスを提供する銀行などのステークホルダーとの関係について考慮したものではない．図 6.1(p.124)のとおり，インフラ事業に関する官民連携プロジェクトには，さまざまなプレイヤーが存在する．事業主体である SPC に対する出資会社，ファイナンスを提供する銀行の他，行政当局，建設プロジェクトの受注企業，事業計画に関するコンサルタントなどさまざまなステークフェルダーを巻き込んだプロジェクトである．したがって，事業構造を 1 つのシステムとみなして，システム全体としてのレジリエンシーを評価することも重要である．

これまでの論旨を図 6.5 のように整理した．本章で取り上げた事例は，プロジェクトのパフォーマンス(NPV など)といった明確な評価指標があったため，モンテカルロシミレーションでリスク分析やレジリエンシー分析が可能であった．しかし，インフラプロジェクトの全体としてのパフォーマンスやレジリエンシーについては，ステークホルダー間の関連性も勘案したシステム分析が必要となる．

例えば，金利変動といったリスクファクターとシステム全体のパフォーマ

	評価関数が明確	評価軸の多様性	
リスク (事前確率分布予測)	インフラプロジェクト事業性（NPV）に対するインフレの影響	インフラ官民連携プロジェクトの成功度に対する金利変動の影響	リスクマネジメント
不確実性 (予測不可能)	インフラプロジェクト事業性（NPV）に対する政権交代の影響	インフラ官民連携プロジェクトの成功度に対する政権交代の影響	レジリエント設計

モンテカルロシミュレーション

システム分析
(例えばABM)

図 6.5 レジリエントなシステム設計論への展開

6.5 考察：レジリエントなシステム設計に向けて

ンスについて考えてみる．予想以上に金利が下がったとすると事業主体であるSPCの金利負担が減少し，NPVの上昇をもたらす．ただし，金利低下によってインフレ率が上昇すると人件費，原材料費の値上がりがおき，サービス料金の値上げで行政当局との軋轢が高まることになる．その結果，プロジェクトリスクが高まり，金融機関においてはより高い金利を要求し，SPCにおける当初の金利低下を打ち消してしまうかもしれない．

このように金利の低下は一見プロジェクト全体のパフォーマンスに対して好影響を与える印象を持つが，システム分析を行うとかならずしもそうではないことがわかる．具体的には，このシステム分析については，ステークホルダーそれぞれをエージェントとするエージェントベースモデル（ABM：Agent-Based Model）を構築し，リスクファクターがシステム全体に与える影響について定量的な分析を行うことが必要となる．

また，政治面や行政面での不確実性のようにステークホルダーに与える影響が明確にわかっていないファクターの影響分析はより困難である．バンコク第2高速道路の事例で示したように，負の不確実性が顕在化するプロセスとその影響に関する何らかのシナリオをおいてエージェントベースモデルを回す必要がでてくる．政権交代の事例でとりあげたシナリオ（一定確率で政権交代が起きて，事業主体の採算性が高い場合に料金値上げをストップする）で，債権者（銀行）のリアクションについても勘案する必要がある．値上げがストップすると事業全体のリスクが高まり銀行には高い金利を要求する誘因が働く．その結果，事業採算性がさらに悪くなり，6.3節で示した行政当局と事業主体の持ちつ持たれつの関係（レジリエントな構造）が崩れる可能性がある．

もし，両者のレジリエントな関係を前提にするのであれば，バンコク第2高速道路プロジェクトにおいて，熊谷組は低料金を甘受して事業に踏みとどまる判断もあり得た．しかし，政権交代が引き金になり，銀行を巻き込んだ事業性悪化の負のスパイラルが始まるのであれば，早期に撤退することが正解といえる．当時の状況としては，新政権が料金値上げを認めない決定をした際に，銀行団は貸し出しをストップするとういう行動に出た．したがって，熊谷組が事業を継続するというオプションを取り得たかどうかには疑問

があるが,関連するすべてのステークホルダーの行動を勘案したシステム分析の必要性を示唆している.

謝　辞

本章の内容は,東京大学工学系研究科「インフラ事業戦略寄付講座」における研究成果をベースとしたものである.記して謝意を表す.

第6章の参考文献

[1] 経済産業省通商政策局:『通商白書2010』,経済産業省,2010年8月.
[2] I.Kivleniece, B.V.Quelin : "Creating and capturing value in public-private ties : A private actor's perspective," *Academy of Management Review*, Vol.27, No.2, 2012, pp.272-299.
[3] 西川怜:「バンコク第二高速道路プロジェクトのリアルオプション評価」,平成25年度東京大学工学部システム創成学科卒業論文,2012年3月.
[4] J.E.Vassallo : "Traffic Risk Mitigation in Highway Concession Projects," *The Experience of Chile, Journal of Transportation Economics and Policy*, Vol.40, No.3, 2006, pp.359-381.
[5] 伏見修一:「台湾高速鉄道PPP事業における官民リスクシェアリング低減手法に関する研究」,平成28年度東京大学工学部システム創成学科卒業論文,2017年3月.
[6] 布川哲也,井上聰史,森地茂,日比野直彦:「PPP/PFIにおける公的支援制度の国際比較と日本への展望」,『土木計画学研究・講演集(CD-ROM)』,45巻,2012年6月.
[7] F.H.Knight : *Risk, Uncertainty, and Profit*, Dover Publications Inc. Mineola, New York, 1921.

索　引

【A-Z】
ABM　　141
BOT　　124
CDS　　100
CO_2 排出量　　68
CSR　　129
DSCR　　137
EFC　　9
EPC　　126
ETF　　105
HRA　　6
HRO　　11
IRR　　132
LLCR　　132
LNG 備蓄　　79
LPVR　　138
MCS　　133
NPV 法　　132
O&M　　126
OTC 市場　　103
PCANS モデル　　57
PEOPLES　　42
PPP　　122
PPP 事業　　125
PRA　　6
R4 フレームワーク　　12, 62
SNS　　22
SPC　　122
SSE　　129
THERP　　6
TMI 原発事故　　3, 7
VaR　　109
VaR ショック　　110
WTC　　5

【あ行】
安全　　31
安全限界　　16
安全設計　　2, 5, 16
安全に対する欲求　　17
安全文化　　5, 11
安全目標　　32
安全余裕　　15
意思決定　　22
ウィーナー過程　　76
エージェントベースモデル　　141
エージェントモデル　　55
エネルギー安全保障　　78
エネルギーインフラ　　89
エネルギーセキュリティ　　67
オプション　　134
オプション取引　　103
オフテイカーリスク　　128

【か行】
回復曲線　　13
回復コスト　　20
回復速度　　20
価格弾性値　　74
科学的知見　　44
学習　　12, 20
確率過程　　75
確率計画法　　77
確率動的計画法　　78
確率微分方程式　　76
確率論的ハザード評価　　29
確率論的リスク評価　　6
過誤強制情況　　9
頑健性　　13, 40
監視　　20
緩衝力　　15

索 引

官民連携　122
官民連携プロジェクト　140
危機管理　14, 22
企業の社会的責任　129
気候変動問題　68
協調行動　10
共通原因故障　41
共鳴　15, 23
許容度　15
金融市場　99
クーデター　131
クレジットデフォルトスワップ　100
計画停電　69
限界費用曲線　73
限界便益曲線　73
減災　28
現在価値換算　77
原油価格　78
原油備蓄　79
高信頼性組織　11
国際エネルギー機関　69
コミッション型エラー　7

【さ行】
裁定取引　105
残余のリスク　5
自己再組織化　12
自己資本比率　114
地震　28
システム　27, 38
システムオブシステムズ　21
システム分析　142
自然災害　27
資本予算評価　132
社会インフラ　17
社会技術システム　2, 14, 49
社会実装　23
社会制度　23
社会組織的要因　4
社会的欲求　17
柔軟性　16

首都直下地震　89
需要関数　74
準国産エネルギー　70
情況　8
情況因子　8
状態遷移図　76
状態変数　77
冗長性　40, 13
消費者費用　74
人口市場　101
迅速性　13, 40
信頼性解析　6
ストラドル取引　104
スプレッド　100
スペースシャトルチャレンジャー　4
スリーマイル島原子力発電所　3
制御変数　77
脆弱性　41
生理的欲求　17
石油需給モデル　91
石油備蓄　69
設計基準　5
設計基準　16
線形システム　9, 14
相互依存性解析　49
相互作用　14
相互信念　9
想定外　36
組織事故　4, 11
組織的活動　23

【た行】
第1世代 HRA　6
第2高速道路　129
第2世代 HRA　8
対処能力　13, 40
台湾高速道路　136
チェルノブイリ原子力発電所　4
チェルノブイリ原発事故　11
チーム　9
デアビラントコメット機　3

索 引

適応　43
電力需給モデル　90
特定目的会社　122

【な行】
入札制度の設計　135
人間信頼性解析　6
人間中心のシステムモデリング　49
人間中心の都市のモデリング　48
認知メカニズム　8
ネットワークモデル　59

【は行】
ハザード　28
ハザード曲線　30
バーゼル規制　103, 110
ハードウェア要素　2
パリ協定　68
反応　20
東日本大震災　5, 17
非線形性　14
ヒューマンエラー　3, 6, 8
ヒューマンファクター　4, 14, 22
ヒューマンマシンインタフェース　3
ヒューマンモデリング　8
費用　72
費用に対する付加価値　125
品質保証　2
ファンダメンタルズ　105
複合的な相互依存性　47
複雑システム　14
復旧　27
ブラックスワン　14
ブラックボックス　6
プロジェクトファイナンス　125
平均回帰過程　83
ベーシス　103
ヘッジ取引　104
ペルソナ手法　18
便益　72

防災　27
ポートフォリオ　110
ボラティリティ　100
ポリティカルリスク　123, 132, 133, 139

【ま行】
マインド　11
マズローの欲求5階層　17
マルチエージェントシミュレーション　101
メンテナンス　23
モンテカルロシミュレーション　133

【や行】
要素還元主義　9, 14
予期　20

【ら行】
ライダーシップ条項　128, 138
ライフサイクル　38
ライフサイクルマネジメント　44
リスク　1, 31
リスク管理　100, 110
リスク基準　32
リスクシェアリング　126
リスク評価　27
リスクマネジメント　1, 14, 27
リターン　106
理論価格　102
レジリエンシー分析　140
レジリエンス　5, 12, 27
レジリエンス工学　6
レジリエンスの4Rs　62
レジリエンスの三角形　13, 16, 20, 61

【わ行】
割引率　77
ワールドトレードセンター　5

145

編著者紹介

古田一雄（ふるた　かずお）(全体編集，第1章)
東京大学大学院工学系研究科レジリエンス工学研究センター教授．専門は認知システム工学，レジリエンス工学．主な著書『安全学入門』(共著，日科技連出版社，2007年)，『ヒューマンファクター10の原則』(編著，日科技連出版社，2008年)．

著者紹介

糸井達哉（いとい　たつや）(第2章)
東京大学大学院工学系研究科原子力国際専攻准教授．専門は地震工学．主な著書『Earthquake Engineering for Nuclear Facilities』(分担執筆，Springer，2016年)，『建築物荷重指針・同解説』(分担執筆，日本建築学会，2015年)，『リスク評価の理解のために』(分担執筆，日本原子力学会，2016年)．

菅野太郎（かんの　たろう）(第3章)
東京大学大学院工学系研究科システム創成学専攻准教授．専門は認知システム工学，社会技術システムレジリエンス．主な著書『安全安心のための社会技術』(共著，東京大学出版会，2006年)，『実践レジリエンスエンジニアリング』(共訳，日科技連出版社，2014年)．

藤井康正（ふじい　やすまさ）(第4章)
東京大学大学院工学系研究科原子力国際専攻教授．専門はエネルギーシステム工学．主な著書『エネルギー論』(共著，岩波書店，2001年)，『エネルギーと環境の技術開発』(共著，コロナ社，2005年)．

小宮山涼一（こみやま　りょういち）(第4章)
東京大学大学院工学系研究科レジリエンス工学研究センター准教授．専門はエネルギーシステム分析．主な著書『エネルギービジョン 地球温暖化抑制のシナリオ』(共著，海文堂，2014年)．

和泉 潔（いずみ　きよし）(第5章)
東京大学大学院工学系研究科システム創成学専攻教授．専門は社会シミュレーション解析．主な著書『人工市場』(森北出版，2003年)．

川久保 佐記（かわくぼ　さき）(第5章)
㈱大阪取引所デリバティブ市場営業部兼㈱東京証券取引所エクイティ市場営業部調査役．主にデリバティブ市場の運営・企画に携わる．専門は人工市場シミュレーション．

米納弘渡（よねのう　ひろと）(第5章)
東京大学大学院工学系研究科システム創成学専攻特任研究員．専門はエージェントシミュレーション・経済実験．

元橋一之（もとはし　かずゆき）(第6章)
東京大学大学院工学系研究科レジリエンス工学研究センター教授．専門は計量経済学，技術経営論．主な著書『日はまた高く　産業競争力の再生』(日本経済新聞出版社，2014年)．

レジリエンス工学入門
―「想定外」に備えるために―

2017年7月28日　第1刷発行

編著者　古　田　一　雄
著　者　糸　井　達　哉
　　　　菅　野　太　郎
　　　　藤　井　康　正
　　　　小宮山　涼　一
　　　　和　泉　　　潔
　　　　川久保　佐　記
　　　　米　納　弘　渡
　　　　元　橋　一　之
発行人　田　中　　　健

検印省略

発行所　株式会社　日科技連出版社
〒151-0051　東京都渋谷区千駄ヶ谷5-15-5
DSビル
電話　出版　03-5379-1244
　　　営業　03-5379-1238

Printed in Japan

印刷・製本　㈱三秀舎

© Kazuo Furuta, Tatsuya Itoi, Taro Kanno, Yasumasa Fujii, Ryoichi Komiyama, Kiyoshi Izumi, Saki Kawakubo, Hiroto Yonenoh, Kazuyuki Motohashi 2017
ISBN 978-4-8171-9624-8
URL http://www.juse-p.co.jp/

本書の全部または一部を無断で複写複製（コピー）することは、著作権法上での例外を除き、禁じられています。

好評発売中！

安全学入門
－安全を理解し、確保するための基礎知識と手法－

古田一雄・長崎晋也 著
ISBN978－4－8171－9220－2　A5判　224頁

安全は「モノづくり」の問題にとどまらず、人間、社会、環境の側面を巻き込んで、非常に広い領域に関連している。安全管理に携わる専門家や組織の決定に責任を有するリーダーは、こうした安全問題の全体像を把握しておく必要がある。しかし、そこまで広い観点から安全を論じた入門書はほとんどない。

本書は安全学の全体像と重要事項について解説したものである。安全学は非常に広範な領域に関連するため、詳細を網羅することは不可能であり、著者が重要と思った項目の基本概念だけを解説するにとどめざるをえなかった。しかし、安全学の入門としてはコンパクトで十分な内容である。

ヒューマンファクター 10の原則
－ヒューマンエラーを防ぐ基礎知識と手法－

古田一雄　編著
日本原子力学会ヒューマン・マシン・システム研究部会　著
ISBN978－4－8171－9255－4　A5判　216頁

ヒューマンファクター（HF）は、人間の優れた特性を活かし、マイナス面を適切にカバーすることにより、人間を含めたシステムの安全性、信頼性、効率の向上を目指す学術領域である。

本書では、HFで特に重要な考え方を1つの大原則と10の原則という形で簡潔に表している。各章では、各原則の解説に続いてその原則の必要性が認識されるに至った経緯、背景となる学説や理論、実践のための具体的手法、具体的適用事例の順に解説。学術的な基礎知識と、現実の問題解決のための方法論の両者が同時に理解できるHF入門書。

株式会社　日科技連出版社
ホームページ　http://www.juse-p.co.jp/
〒151-0051 東京都渋谷区千駄ヶ谷 5-15-5DSビル
電話 03-5379-1238　FAX 03-3356-3419